# 音と波

## その素顔と振る舞い

SOUND AND WAVE

久野和宏／野呂雄一／佐野泰之
Kazuhiro Kuno / Yuichi Noro / Yasuyuki Sano
〔共著〕

技報堂出版

書籍のコピー，スキャン，デジタル化等による複製は，
著作権法上での例外を除き禁じられています。

# はじめに

　本書は音と波に関する入門書である．音（波）には人間と類似した点が多々あり，その素顔や振る舞いをできるだけ平易に解説することを心掛けた．素朴なイメージから出発し，音（波）の物理的，数学的世界に少しずつ踏み込んで行く．全9章からなり，その内訳は以下の通りである．

**1章：** 音や波に関する素朴なイメージを基に，その振る舞い（性質）を様々な視点から概説する．
**2章：** 音とは何か，基本となる物理法則から波動方程式を導き，音について考える．
**3章：** 音場に関する概念や用語の数々は，波動方程式の解法と結びついている．波動方程式の解法にまつわる音の世界を垣間見る．
**4章：** 物体の振動による音の放射について述べる．呼吸球による音の放射を基に，点音源，面音源，線音源相互の関連や，音源の指向性について考える．
**5章：** 音と人の振る舞いには多くの類似性がある．音の伝搬，反射，透過，回折，干渉などの問題は音を擬人化し，人間社会の問題（人間の行動）になぞらえると分かりやすい．
**6章：** 音源が近づく場合と遠ざかる場合では音の高さが異なって聞える（ドップラー効果）．周波数の近い2つの純音（可聴音）が出会うとうなり（唸り）が聞えることがある．また空気や水などの媒質の非線形性を利用すると，耳に聞えない超音波から可聴音を取り出すこともできる．ドップラー効果やうなりのメカニズム，媒質の非線形性と耳の係わり等について解説する．
**7,8章：** 3章で述べた様々な場合について，実際に波動方程式を解き，音場を表示する．線形系の入出力に対する「重ねの理」をベースに音源と音場との関係を解説する．7章では1次元，8章では3次元の音場を取り扱う．
**9章：** この最後の章では，波の伝搬速度が周波数に依存する分散性媒質を取り上

げ，波動方程式と熱伝導や粒子の拡散の方程式及び量子力学におけるシュレーディンガーの方程式との係わりについて述べる。

　以上，波と音の世界について平易に解説し記述することに努めた。所々数式が現れるが苦手な人は気にせずに読み飛ばしても構わない。内容の大筋は伝わるよう配慮したつもりである。本書との出会いが音や波に親しみ，より深く学ぶための一助となれば幸甚である。

　末筆ですが，本書の編集、出版に際し種々アドバイスを頂いた技報堂出版株式会社編集部の天野重雄氏に感謝の意を表します。

2013 年 9 月
著者一同

# 目 次

## 第 1 章 音（波）のイメージ　　1
- 1.1 媒質／音／音速 ........................................... 1
- 1.2 粒子速度 .................................................. 1
- 1.3 音の種類（縦波／横波／表面波） ........................ 2
- 1.4 フーリエの定理 ........................................... 2
- 1.5 正弦波とは ................................................ 2
- 1.6 位相とは .................................................. 3
- 1.7 等速円運動と正弦波 ...................................... 3
- 1.8 再びフーリエの定理／波形の分解と合成 .................. 5
- 1.9 波長 $\lambda$ .................................................. 5
- 1.10 音速 $c$ ／周波数 $f$ ／波長 $\lambda$ .......................... 6
- 1.11 境界面における反射と屈折 ............................... 7
- 1.12 音波と障壁（反射／回折／透過／散乱） .................. 7
- 1.13 正弦波の合成（重ね合わせ） ............................. 8
- 1.14 干渉 ...................................................... 8
- 1.15 音源の指向性 ............................................. 9
- 1.16 定在波 .................................................... 9
- 1.17 波面（等位相面）　球面波／円筒波／平面波 ............ 10
- 1.18 固有振動 ................................................ 10
- 1.19 共振（共鳴） ............................................ 11
- 1.20 音源のサイズと放射波 .................................. 12
- 1.21 ダクト内の音の伝搬 .................................... 13
- 1.22 音速と共鳴周波数 ...................................... 13
- 1.23 波の方程式 .............................................. 14

1.24 波動方程式を解くとは . . . . . . . . . . . . . . . . . . . . . . 14
1.25 自由振動 . . . . . . . . . . . . . . . . . . . . . . . . . . . . . 15
1.26 強制振動 . . . . . . . . . . . . . . . . . . . . . . . . . . . . . 15
1.27 波の姿（波の表現） . . . . . . . . . . . . . . . . . . . . . . 16
1.28 波動方程式の無意味な解（？） . . . . . . . . . . . . . . . . 16
　　■ *Note* 1 ■ 何故「4 分 33 秒」なのか？ . . . . . . . . . . 17
1.29 無秩序な音場（拡散音場） . . . . . . . . . . . . . . . . . . . 18
1.30 干渉と位相関係 . . . . . . . . . . . . . . . . . . . . . . . . . 18
1.31 皆同じ／音の中身 . . . . . . . . . . . . . . . . . . . . . . . . 19
1.32 では何故音圧なのか？ . . . . . . . . . . . . . . . . . . . . . 19
1.33 再び音源について . . . . . . . . . . . . . . . . . . . . . . . . 20
1.34 ホーン（ラッパ）の役割 . . . . . . . . . . . . . . . . . . . . 21
1.35 媒質の $\rho c$ . . . . . . . . . . . . . . . . . . . . . . . . . . . 22
1.36 電気，機械，音響系のアナロジー . . . . . . . . . . . . . . . 23
1.37 電気音響変換 . . . . . . . . . . . . . . . . . . . . . . . . . . 24

## 第 2 章　音の方程式の生い立ち　　26

2.1 気体の状態方程式 . . . . . . . . . . . . . . . . . . . . . . . . 26
2.2 音による気体の変形（ひずみ）と運動（振動） . . . . . . . . 28
2.3 気体の体積ひずみ . . . . . . . . . . . . . . . . . . . . . . . . 29
2.4 1 次元の波動方程式 . . . . . . . . . . . . . . . . . . . . . . . 30
2.5 3 次元の音波の方程式 . . . . . . . . . . . . . . . . . . . . . . 30
　　■ *Note* 2 ■ フックの法則（Hooke's law） . . . . . . . . . 32
2.6 音速 . . . . . . . . . . . . . . . . . . . . . . . . . . . . . . . 32
2.7 速度ポテンシャル . . . . . . . . . . . . . . . . . . . . . . . . 33
　　■ *Note* 3 ■ 演算子 $\nabla$ と $\Delta (= \nabla \cdot \nabla)$ . . . . . . . . . . 36

## 第 3 章　波動方程式へのアプローチ　　37

3.1 波動方程式と諸条件 . . . . . . . . . . . . . . . . . . . . . . . 37
　　3.1.1　自由空間（束縛無し） . . . . . . . . . . . . . . . . 38
　　■ *Note* 4 ■ 無響室と残響室 . . . . . . . . . . . . . . . . 38
　　3.1.2　閉空間（束縛有り） . . . . . . . . . . . . . . . . . 38

|  |  |  |
|---|---|---|
|  | 3.1.3 外力（駆動源）無し／自由振動 . . . . . . . . . . . . . . | 39 |
|  | ■ *Note* 5 ■ 固有値と固有関数（モード） . . . . . . . . . . . | 40 |
|  | 3.1.4 外力（駆動源）有り／強制振動 . . . . . . . . . . . . . . | 41 |
| 3.2 | 要約と補足 . . . . . . . . . . . . . . . . . . . . . . . . . . . . . | 42 |

## 第 4 章　物体の振動による音の放射　　44

| 4.1 | 球音源（呼吸球） . . . . . . . . . . . . . . . . . . . . . . . . . . | 44 |
|---|---|---|
|  | ■ *Note* 6 ■ 定常場に対するヘルムホルツの方程式 . . . . . . . | 46 |
| 4.2 | 面音源（$a \to \infty$） . . . . . . . . . . . . . . . . . . . . . . . . . | 47 |
| 4.3 | 点音源（$a \to 0$） . . . . . . . . . . . . . . . . . . . . . . . . . . | 47 |
| 4.4 | 線音源 . . . . . . . . . . . . . . . . . . . . . . . . . . . . . . . . | 48 |
|  | ■ *Note* 7 ■ ハンケル関数について . . . . . . . . . . . . . . . . | 50 |
| 4.5 | 音源の指向性 . . . . . . . . . . . . . . . . . . . . . . . . . . . . | 51 |
| 4.6 | 双極子音源 . . . . . . . . . . . . . . . . . . . . . . . . . . . . . . | 51 |
| 4.7 | 無限剛壁上の円形ピストン音源 . . . . . . . . . . . . . . . . . . | 52 |
| 4.8 | バッフル . . . . . . . . . . . . . . . . . . . . . . . . . . . . . . . | 54 |
| 4.9 | 音源の特性（まとめ） . . . . . . . . . . . . . . . . . . . . . . . | 55 |
|  | ■ *Note* 8 ■ 音源の大きさと指向性 . . . . . . . . . . . . . . . . | 56 |

## 第 5 章　音と人の世界（アナロジー）　　57

| 5.1 | 音と擬人化 . . . . . . . . . . . . . . . . . . . . . . . . . . . . . . | 57 |
|---|---|---|
| 5.2 | 音の速さ（伝搬速度） . . . . . . . . . . . . . . . . . . . . . . . | 58 |
| 5.3 | 音の周波数と波長 . . . . . . . . . . . . . . . . . . . . . . . . . . | 58 |
| 5.4 | 音と障害物 . . . . . . . . . . . . . . . . . . . . . . . . . . . . . . | 59 |
|  | ■ *Note* 9 ■ 塀に対する音波の振舞い . . . . . . . . . . . . . . . | 60 |
| 5.5 | 波長と物体表面の凹凸／正反射と乱反射 . . . . . . . . . . . . | 60 |
|  | ■ *Note* 10 ■ ランベルトの法則（Lambert's law） . . . . . . . | 61 |
| 5.6 | 波長と物体の影 . . . . . . . . . . . . . . . . . . . . . . . . . . . | 61 |
|  | ■ *Note* 11 ■ 塀による騒音対策（前川チャート） . . . . . . . | 62 |
| 5.7 | 壁と音 . . . . . . . . . . . . . . . . . . . . . . . . . . . . . . . . | 63 |
| 5.8 | 壁に耳あり . . . . . . . . . . . . . . . . . . . . . . . . . . . . . . | 63 |
| 5.9 | どっしり君とペカ子ちゃん . . . . . . . . . . . . . . . . . . . . | 63 |

- 5.10 壁の遮音性能（透過損失 $L_{\mathrm{TL}}$） ........................ 64
- 5.11 遮音と吸音 ........................ 66
- 5.12 音響機器の特性 ........................ 67
- 5.13 管内の音波の伝搬（追記） ........................ 68
- 5.14 振動系と等価回路 ........................ 68
- 5.15 媒質の変化と音の伝搬 ........................ 69
- 5.16 音速の変化と屈折（音は冷たいのがお好き？） ........................ 69
- 5.17 音の計測 ........................ 70
- 5.18 放射し易きは？（熱し易きは？） ........................ 70
- 5.19 干渉 ........................ 71
- 5.20 位相（Phase） ........................ 72
- 5.21 音源の指向性 ........................ 73
- 5.22 波の世界（領域と環境） ........................ 73
- 5.23 干渉と固有振動モード ........................ 74
- 5.24 固有振動数（共鳴周波数） ........................ 74
- 5.25 モードの腹と節 ........................ 75
- 5.26 好みの周波数でモードの腹を刺激する ........................ 76
- 5.27 調和／平等／静寂（平和共存） ........................ 76

## 第 6 章　音を聞く　77

- 6.1 移動音源を聞く（ドップラー効果） ........................ 77
  - ■ *Note* 12 ■ 衝撃波（$v > c$） ........................ 79
- 6.2 うなりを聞く ........................ 79
  - ■ *Note* 13 ■ 臨界帯域 ........................ 80
- 6.3 超音波を聞く ........................ 81
  - 6.3.1 AM 電波（振幅変調波） ........................ 81
  - ■ *Note* 14 ■ AM 波を聞くには ........................ 82
  - ■ *Note* 15 ■ 同調と共鳴（共振） ........................ 84
  - 6.3.2 AM 音波 ........................ 85
  - 6.3.3 超音波による差音の発生と受聴 ........................ 87
  - 6.3.4 うなりと AM 超音波 ........................ 87

## 第 7 章　1 次元音場の解析と表示　　89

- 7.1　外力無し：自由振動 .......... 89
  - 7.1.1　境界条件無し：自由空間（$-\infty < x < \infty$） ...... 90
  - 7.1.2　境界条件有り：閉空間（$0 \leq x \leq \ell$） ......... 91
- 7.2　角周波数 $\Omega$ の外力による定常駆動：強制振動 ......... 93
  - ■ Note 16 ■ デルタ関数：$\delta(x), \delta(t)$ .............. 94
  - 7.2.1　境界条件無し：自由空間（$-\infty < x < \infty$） ...... 94
  - 7.2.2　境界条件有り：閉空間（$0 \leq x \leq \ell$） ......... 95
  - ■ Note 17 ■ 解の選択（積分路の取り扱い） ......... 96
- 7.3　一般の外力 .......... 98
  - 7.3.1　境界条件無し：自由空間（$-\infty < x < \infty$） ...... 98
  - 7.3.2　境界条件有り：閉空間（$0 \leq x \leq \ell$） ......... 99
- 7.4　外力が空間的に分布する場合 .......... 100
  - 7.4.1　自由空間（$-\infty < x < \infty$） ............ 100
  - 7.4.2　閉空間（$0 \leq x \leq \ell$） ................ 101

## 第 8 章　3 次元音場の解析と表示　　102

- 8.1　線形系の入出力と重ねの理 .......... 102
- 8.2　非同次の波動方程式 ................ 103
  - ■ Note 18 ■ 関数のフーリエ変換とその表記 ......... 104
- 8.3　点音源 ......................... 105
  - 8.3.1　駆動力 $q_{r_0}(t)$ の周波数への分解と合成：周波数応答法（伝達関数法） ........................ 105
  - 8.3.2　駆動力 $q_{r_0}(t)$ のインパルスへの分解と合成：インパルス応答法（グリーン関数法） .................. 106
  - 8.3.3　モード（定在波）への分解と合成：固有関数法 ..... 107
  - ■ Note 19 ■ 正規直交関数系 .................. 110
- 8.4　大きさのある音源（点音源の集合） ............ 110
- 8.5　まとめ及び補足 ...................... 114
  - ■ Note 20 ■ 数値解法 ..................... 117

## 第 9 章 分散性媒質中の波動伝搬　　118

- 9.1　分散性媒質　……………………………… 118
- 9.2　波動方程式と分散関係　………………… 118
- 9.3　シュレーディンガーの方程式　………… 119
- 9.4　拡散（熱伝導）の方程式　……………… 120
- 9.5　拡散と分散　……………………………… 120
- 9.6　波形の分散　……………………………… 121
  - ■ Note 21 ■ Einstein - Planck の関係式（粒子と波／質量と周波数）………………………… 122

　　参 考 図 書 ……………………………………… 123
　　索　　　引 ……………………………………… 124

# 第1章　音（波）のイメージ

　音や波を理解するためには，主要な性質を知り，親しみを持ち，素朴で適切なイメージを描けるようになることがその第一歩である。

## 1.1　媒質／音／音速

　空気や水や金属など音を伝えるものを媒質（媒体〔メディア〕）という。音は媒質の振動である。媒質にはびっしりと粒子が詰まっている。空気中でも粒子（窒素分子や酸素分子）が押しくら饅頭をしている。媒質の一部に力が加わると変形を引き起こし，元に戻ろうとして振動を始める。媒質の一部で発生したこの変形（ひずみ）と振動は隣接する媒質粒子に次々に伝わっていく。このように媒質のある部分で生じたひずみ（振動）は周囲にどんどん伝わっていくが，これが音（波）の正体である。そして，この波が周囲に伝搬する速度が音速 $c$ であるが，実は媒質中にはもう一つ速度があることが分かる。

## 1.2　粒子速度

　媒質の各部分（粒子）は自らの静止位置を中心に変位し，振動する。音速 で移動するのではない。音速 $c$ で伝わるのは媒質のひずみであり，媒質粒子は静止位置を中心に振動しているだけであり，この振動の速度を粒子速度という。通常，粒子速度 $u$ は音速 $c$ に比べ，非常に小さい。

　このように音は媒質粒子の振動であり，媒質の無いところ（真空中）では存在しない。

## 1.3　音の種類（縦波／横波／表面波）

　一般に媒質粒子の振動方向と音（波）の伝搬方向は異なる。両者が一致する場合を縦波，直交する場合を横波という。空気中の音波は縦波，弦の振動は横波の代表である。縦波は主に空気や水など流体中を伝わるが，固体中（地面，板，金属など）では縦波も横波も伝わる。縦波は媒質各部の体積の変化（膨張と圧縮）に基づくのに対し，横波は形の変化（ねじれ）に由来している。両者の伝搬速度（音速）は異なり，縦波の方が速く伝わる。

　縦波や横波の他，ある意味で両者の混合した表面波と呼ばれる波がある。これは固体と流体の境界面，材質の異なる固体の境界面に沿って（集中して）伝わる波であり，前者をレーリー波（Rayleigh wave），後者をラブ波（Love wave）という。レーリー（Rayleigh）とラブ（Love）はこれらの表面波の存在を理論的に予言した著名な英国の物理学者である。

## 1.4　フーリエの定理

　「あらゆる波形は正弦波の集まりである。」

　これはフランスの数学者フーリエ（Fourier）の有名な定理である。波形は全ていろいろな周波数の正弦波に分解することができるし，また逆に，正弦波を用いることにより，どんな波形でも合成する（作る）ことができる。どんなに複雑な波形でも単純な正弦波が基になっているというのである。従って波を理解するには正弦波について知ることが極めて重要となる。波に関する様々な概念は正弦波に由来している。

## 1.5　正弦波とは

　正弦波とは図1.1のような弓の形をした波形で，山（正）と谷（負）を繰り返す。山の高さ（谷の深さ）を振幅，1秒間に繰り返す回数を周波数という。正弦波はこの振幅と周波数の他に位相を与えれば決定される。

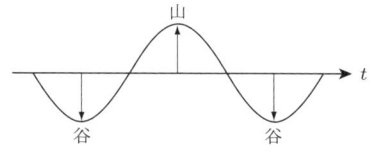

図 1.1　正弦波の時間変化

## 1.6　位相とは

　位相とは正弦波形の時間的（空間的）差異をいう。図 1.2 に示す 2 つの正弦波形は振幅と周波数は同じであるが，位置（時間）がずれている。両者には位相差（時間差）があるという。

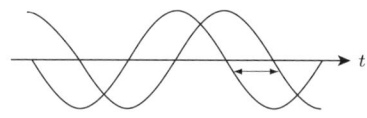

図 1.2　位相差のある 2 つの正弦波

## 1.7　等速円運動と正弦波

　正弦波は円周上を一定の速さで走り回る点の運動（等速円運動）と密接に結びついている。点の位置を円周上の角度 $\theta$ で表し，1 秒間に移動する角度（角速度という）を $\omega$ としよう。出発時における位置（時刻 $t=0$ における角度）を $\theta_0$ とすれば，$t$ 秒後の角度 $\theta(t)$ は

$$\theta(t) = \theta_0 + \omega t \tag{1.1}$$

となり，円周上の点の位置は円の半径 $A$ と角度 $\theta$ により

$$A \angle \theta$$

で表される。この点の位置は横軸及び縦軸への射影（$x$ 軸と $y$ 軸へ下した垂線の足）$x(t)$ 及び $y(t)$ により表すこともできる。両者の時間変化は図 1.3 のように

$+A$ と $-A$ の山谷を繰り返す単純な正弦波形となり,式を用いれば

$$x(t) = A\cos(\omega t + \theta_0) = A\cos(2\pi f t + \theta_0) \tag{1.2}$$

$$y(t) = A\sin(\omega t + \theta_0) = A\sin(2\pi f t + \theta_0) \tag{1.3}$$

と表される。なお,$A$ を正弦波の振幅,$\omega$ を角周波数(角速度),$\theta_0$ を初期位相という。また $\omega$ は 1 秒間に繰り返す山谷の数,即ち円周上を運動する点の回転数 $f$ に比例し

$$\omega = 2\pi f \tag{1.4}$$

と書かれる。1 回転ごとに角度は $2\pi$ ラジアン(360°)ずつ変化し,波形が繰り返される。回転数 $f$ を周波数,角速度 $\omega$ を角周波数という。

従って正弦波は

  振幅       ⟷  円の半径  
  周波数(角周波数) ⟷  1 秒間の回転数  
  初期位相      ⟷  出発点の位置

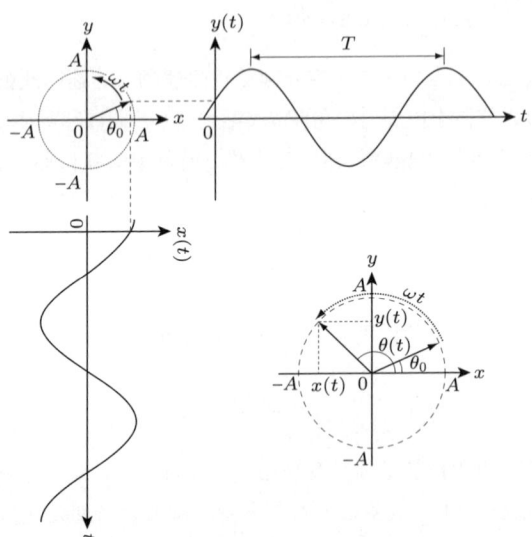

図 **1.3** 等速円運動と正弦波の関係

により決定され，円周上を一定の速さで回転する点の運動を表していることが知られる．1回転に要する時間（波形の繰り返しの時間）を周期 $T$ といい，$f$ や $\omega$ と次の関係にある．

$$T = \frac{1}{f} = \frac{2\pi}{\omega} \tag{1.5}$$

## 1.8 再びフーリエの定理／波形の分解と合成

これより前述のフーリエの定理は「全ての波形は等速円運動の集まりである」と言い直すことができる．一般の波形は様々な振幅 $A$ の，様々な周波数 $f$ の，様々な位相 $\theta_0$ の正弦波からなり，各正弦波はそれぞれ半径 $A$ の円周上を角度 $\theta_0$ を出発点とし，毎秒 $f$ 回転する等速円運動に対応しているのである．

時間的（空間的）に変化する波形はこのように周波数成分に分解され，各周波数ごとに固有の振幅と位相を持つことになる．この振幅及び位相と周波数との関係は波形の周波数特性と呼ばれ，これにより波形を合成（再現）することができる．波形を知ることは，個々の周波数成分（正弦波）の振幅と位相を知ることと同じである．従って波形の様々な振る舞いは波形を構成する正弦波（等速円運動）の振る舞いに帰着される．

## 1.9 波長 $\lambda$

波はある点に起こったひずみ（時間変化）が空間的に伝わる現象である．時間的に繰り返される山谷が周囲に伝わり，空間的な山谷を生じる．この空間的に山谷を繰り返す正弦波形の周期的なスパン $\lambda$（山と山の距離，谷と谷の距離）を波長といい，波の背丈に相当する（図1.4）．1秒間に繰り返す山谷の数が周波数 $f$ であった．従って波は1秒間に $f$ スパン先まで到達するが，その距離が音速（音の伝搬速度）$c$ であり

$$c = f\lambda \tag{1.6}$$

と表される．

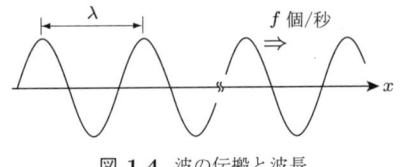

図 1.4 波の伝搬と波長

## 1.10 音速 $c$／周波数 $f$／波長 $\lambda$

さて

$$c = f\lambda \tag{1.7}$$

と書くと，$f$ と $\lambda$ が決まると $c$ が定まるかのような印象を与えるが，$c$ は空気や水，金属などの媒質に固有の量であり，$f$ や $\lambda$ には通常，無関係である。$c$ は高圧，低密度の気体，固くて軽い固体（身軽で緊張感のある媒質）ほど大きく，音は速く伝わる。ちなみに空気等の気体では温度が高くなれば圧力が上昇し，密度は減少することから音速は速くなる。

一方，周波数 $f$ は振源（音源）が媒質を駆動する外力の時間変化に起因する。従って周波数 $f$ は音源の振動数により定まる量であると考えることができる。

音速 $c$ は媒質に固有の量であり，また周波数 $f$ は音源により定まることから，波長 $\lambda$ は両者の比

$$\lambda = \frac{c}{f} \tag{1.8}$$

として自動的に決まってしまう。波長 $\lambda$ は正弦波形の空間的な繰り返しのスパン（間隔）であり，波の背丈（身長）に相当する量である。波長は空間的な量であり，波を視覚的に捉えるのに便利な量で，後述のように波の放射や伝搬，共鳴などの物理現象を理解する上で重要な役割を果たす。それに対し，周波数は波の時間的な側面を表し，音の高さとして聴感的に捉えられる。また音速は波の時間的，空間的な伝搬に係わる量である。

## 1.11 境界面における反射と屈折

空気と水など音速の異なる2つの媒質の境界面に音が入射すると反射と屈折が起こる。図1.5に示すように，反射角 $\theta_r$ は入射角 $\theta_1$ と等しいが，屈折角 $\theta_2$（波の折れ曲がる方向）は2つの媒質内の音速 $c_1$, $c_2$ に依存し

$$\frac{\sin\theta_1}{\sin\theta_2} = \frac{c_1}{c_2} \tag{1.9}$$

の関係（スネルの法則，Snell's law）が成り立つことが知られている。媒質2の音速 $c_2$ が媒質1の音速 $c_1$ に比し大きいほど，大きく折れ曲がる。従って波の進行方向を表す音線は音速の小さい方へ湾曲する。例えば気温が上空ほど低い場合を考えると，上空ほど音速が小さくなり，屈折により音線は上空に向かって湾曲し，音は上空へ逃げていく（図1.6）。なお音速 $c$ や波長 $\lambda$ は地表からの高さによって変化するが，周波数 $f$ は変わらない。

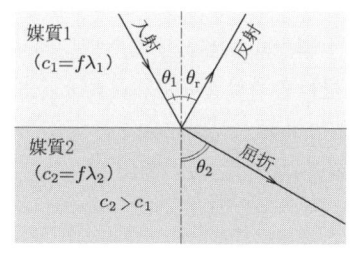

図 1.5 波の反射と屈折

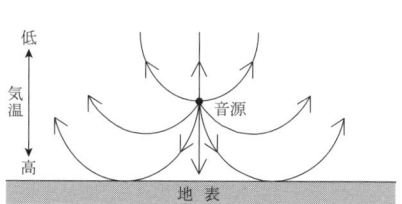

図 1.6 上空に逃げる音波

## 1.12 音波と障壁（反射／回折／透過／散乱）

音波が物体に出会うと反射，回折，透過，散乱などの現象を引き起こす。図1.7は塀に音波が入射した場合の様子（概念図）を示す。塀で跳ね返される部分を反射波，飛び散る部分を散乱波，裏側に回り込む部分を回折波という。これらの波の割合は主として音波の背丈（寸法，波長）と塀の寸法（大きさ）により決定される。塀が波長に比し十分高ければ入射した音波の大部分が反射されるが，逆に波長が塀より十分大きければ，音の大部分は悠々と塀を乗り越え背後に回り込む。波長と塀の寸法が同程度である場合には反射と回折が相譲らず，複雑な様相を呈

することになる。なお入射音の一部は塀を突き抜け透過するものもあるが，塀が重く，どっしりしている場合にはその量は極くわずかである。

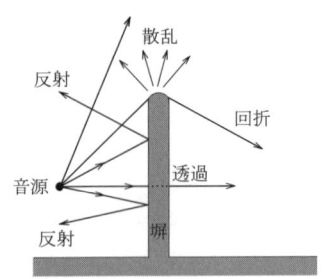

図 1.7 音の反射，回折，透過，散乱

## 1.13 正弦波の合成（重ね合わせ）

　同じ周波数の正弦波を加算（合成）すると，新たな振幅と位相を持つ同一周波数の1つの正弦波になる。合成により影響を受けるのは正弦波の振幅と位相であり，周波数は変わらない。正弦波は周波数が異なれば，互いに独立と見なされる。従って干渉が問題となるのは，同じ周波数（波長）の正弦波の間においてである。

## 1.14 干渉

　正弦波には山や谷があるため，山は山同士，谷は谷同士重なれば，山はより高く，谷はより深くなるが，山と谷が重なれば平坦になる。即ち，正弦波には正の状態（位相）と負の状態（位相）があり，同じ状態（同じ符号どうし）が重なれば強調されるが，異符号の状態が重なれば弱められる。このように同じ周波数の複数の正弦波が集まると，それぞれの波の状態（位相関係）によって強め合ったり，弱め合ったりする。これを波の干渉という。定在波や音源の指向性は干渉の産物（結果）である。

## 1.15　音源の指向性

波長に比し，寸法が無視できるほど小さい音源を点音源という。点音源はあらゆる方向に同じように波を放射する無指向性の音源である。大きさのある一般の音源は点音源が集まったものである。個々の点音源は無指向性であるが，一般の音源は指向性を持つ（方向により放射波の強度が異なる）。これは各点音源から放射された波の干渉による。方向により，各点音源から放射された波の到達時間（位相関係）が様々に変化する。ある方向では位相が揃い，波は強め合うが，他の方向では位相が不揃いとなり波は弱くなる。このような音源からの方向による放射波の強弱のパターンを指向性という（図1.8）。指向性は波長に対する音源のサイズに依存し，波長に比しサイズが大きくなる（周波数が高くなる）につれ，鋭くかつ複雑になる。

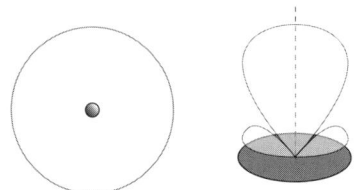

図 1.8　点音源及び大きさのある音源の指向性パターンの例

## 1.16　定在波

波は障害物に衝突すると反射し，入射波と干渉し，場所により強弱のパターンを生じる。この強弱のパターンを定在波という。例えば図1.9のように剛壁で終端された管内を伝搬する音波は剛壁で反射され，音圧に対しては端部を腹，粒子速度に対しては節とする定在波を生ずる。また固い壁面を有する閉ざされた室内の音場は様々な方向に進む波（入射波や反射波）からなり，それらが互いに干渉し，複雑な定在波（固有振動モードという）を形成する。両端を固定した弦の振動や周囲を固定した膜（太鼓）の振動も定在波の集まりである。

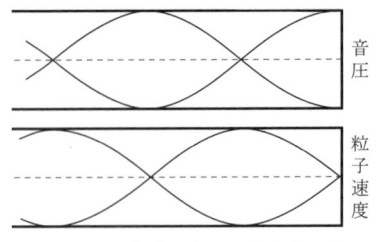

図 1.9 閉管内で生じる定在波の例

## 1.17 波面（等位相面） 球面波／円筒波／平面波

正弦波は山谷を繰り返しながら空間を伝わっていく。この山谷は正弦波の各位置における状態（位相）を表している。同じ状態にある点の集まりからなる面（等位相面）を波面という。この波面の進む速さが音速（位相速度）である。球面状の波面を持つ波を球面波，円筒状，平面状の波面を持つ波をそれぞれ円筒波及び平面波という。点音源からは周囲に一様均等な球面波が放射される。円筒波や平面波はそれぞれ線音源及び大きな平面音源の周りで観測される。一般に音場は様々な波面の波により合成（表示）することができる。音場は場合により，平面波の集まりとして，球面波あるいは円筒波の集まりとして表現される。どのような種類の波により表現するかは，音源や周囲（境界）の形状を考慮し選択される。例えば直方体室内の音場は平面波の集合を用いると，室表面における条件にうまく適合させることができる。円筒波や球面波の集合を用いたのでは，室表面（平面境界）での条件の付き合わせが困難であることは容易に想像されよう。

## 1.18 固有振動

物（振動系）は材質，形状，寸法及び束縛条件により定まる固有の振動パターンと振動数を持つ。これを系の固有振動モード及び固有振動数という。系の固有振動モードの数を振動の自由度という。一般に振動系（弦，膜，棒，板，室空間など）は無数の自由度を持つ。外から加える力（振源，音源）の振動数が固有振動数に近づくと，対応するモードが強く励振される。系に損失がなければ，両者が一致したとき，振動は無限に大きくなる。これが共振（共鳴）現象である。

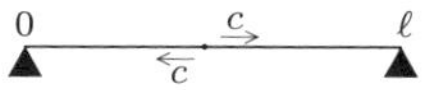

図 **1.10** 両端を固定した弦を伝わる波

## 1.19　共振（共鳴）

共振のメカニズムを図 1.10 のような両端を固定した弦を例に考えてみよう。弦の長さを $\ell$，弦を伝わる波の速さを $c$，波長を $\lambda$ とする。弦上の任意の点をスタートした波が両端で反射し，元の点に戻るまでに進む距離は $2\ell$ である。一方，正弦波は 1 波長ごとに全く同じ状態に復帰する。従って，距離 $2\ell$ が波長 $\lambda$ の整数倍

$$n\lambda = 2\ell \qquad (n = 1, 2, 3, \cdots) \qquad (1.10)$$

であれば，出発点には出て行く波と全く同じ状態（同じ位相）の波が戻ってくる。反射は次々に繰り返され，同位相の波が戻ってくる。これらの波が重なり合い（干渉し），どんどん波は成長し大きくなっていく。これが共振のメカニズムである。共振時の波長は上式より

$$\lambda_n = \frac{2\ell}{n} \qquad (n = 1, 2, 3, \cdots) \qquad (1.11)$$

周波数（振動数）は

$$f_n = \frac{c}{\lambda_n} = n \cdot \frac{c}{2\ell} \qquad (n = 1, 2, 3, \cdots) \qquad (1.12)$$

である。

特に $n = 1$ の場合の振動パターンを基本モードと呼んでいる（図 1.11 左）。$n$ 次モードの周波数は基本モードの $n$ 倍，波長は $1/n$ であることが分かる。弦の振動はこれら様々なモードの集まりであるが，耳で聞いたときの音の高さ（ピッチ）は基本周波数 $f_1(= c/2\ell)$ により決定される。

膜や閉じた空間内の振動や音に関する一般の共振（共鳴）についても同様に考えることができる（図 1.11 右）。特定の方向に放射された波は領域の境界で反射を繰り返し，その軌跡（音線）は閉ループを描く。閉ループを一巡し出発点に戻ってきた波が，放射された波と同位相で重ね合わされば，波は強め合い，どんどん成長し，共振を引き起こす。ただし共鳴周波数は弦の場合とは異なり，一般には倍音関係にはない。

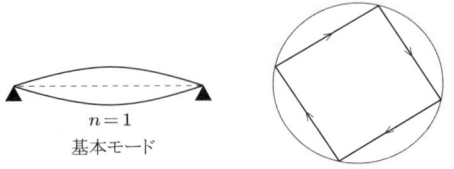

図 1.11 共振モード

## 1.20 音源のサイズと放射波

音源（振動源）から放射される波の背丈（波長）は音源のサイズと密接に係わっている．音源は音波の生みの親であり，我が身より小さい子は産めても，大きな子を産むのは困難である．従って音源のサイズより波長の小さい波は容易に放射できるが，大きな波長の波を放射することは難しい．例えば半径 $a$ の円形ピストン音源や球音源の代表寸法は周長 $2\pi a$ と考えられることから，スムーズに放射される音の波長 $\lambda$ は

$$\lambda < 2\pi a$$

を満たす必要がある．波数

$$k = \frac{2\pi}{\lambda} = \frac{2\pi f}{c} \tag{1.13}$$

を用いれば，上式は

$$ka > 1$$

と書かれる．波数 $k$ は周波数 $f$ に比例しているため，周波数パラメータとも呼ばれる．これらの式は波長が短く，周波数の高い波ほど音源からの放射が容易であることを示している．大きな波長（背丈）の波を放射するには大きな音源が必要となる．なお振動源には固有の共鳴周波数があり，材質と寸法に見合った波長の音を効率良く放射することは良く知られていることである．

## 1.21 ダクト内の音の伝搬

ダクトの寸法と音の波長との関係についても同様に考えることができる。一般にダクト（音響管）は高域通過フィルタとして，高い周波数の音を良く通すことが知られている。高い周波数の音は波長（背丈）が小さく，管内を自由に通行できるためである。例えば半径 $a$ の円管内を波長 $\lambda$ の波が移動する場合を考えてみよう。波長（背丈）$\lambda$ が直径 $2a$ 以下であればスムーズに通り抜けることができる。体を丸めれば，$\lambda$ が円周 $2\pi a$ 以下であれば，何とか通り抜けられるであろう。従って通り抜けの目安として，

$$\lambda < 2\pi a$$

即ち，この場合も，

$$ka = \frac{2\pi a}{\lambda} > 1$$

であれば，管内を通り抜けることができる。これより図体の大きい波（低い周波数の波）は通り抜けが困難である。

## 1.22 音速と共鳴周波数

音速 $c$ は何によって決まるか？共鳴周波数 $f_n$ は何によって決まるか？

音の伝搬速度 $c$ は媒質（気体，液体，固体）の状態によって決まる。空気中では気圧と密度（温度），弦や膜では張力と密度，棒では剛性（固さ）と密度によって決まる。大雑把に言えば，身軽で緊張感のある媒質（物）ほど波は速く伝わる。重くて，たらっとしている物の内部では波の伝搬速度は遅い。

一方，共鳴周波数 $f_n$ は音速 $c$ と物の寸法によって決まる。伝搬速度 $c$ が速く，寸法の小さいものほど共鳴周波数は高い。拘束（束縛）をきつくし，緊め上げるほど共鳴周波数は高く（金切り声）になる。弦や太鼓の音を高くするには，材質を軽くし，きつく張ること，また寸法を小さく（短く）すればよい。

## 1.23 波の方程式

波といえば,通常,海の波を思い浮かべる。漢字の「波」は水面の皮(皺)を,日本語の「なみ」は`ならぶ`(並んで進むさま)に由来すると考えられている。では英語の wave は? wave は「上下に動く(move),止まらない(not still)→振動する」が語源とされている。波が時空を速度 $c$ で伝わる様子は,時刻 $t = 0$ における波形を $f(x)$ とすれば,$t$ 秒後の波形は $x$ 軸上を左右に $ct$ だけ進み,それぞれ $f(x+ct)$ 及び $f(x-ct)$ で与えられる(図 1.12)。

さて,波の運動を記述する方程式を波動方程式というが,$x$ 軸に沿って伝わる 1 次元の方程式は後述のように

$$\frac{\partial^2}{\partial x^2}f(x,t) - \frac{1}{c^2}\frac{\partial^2}{\partial t^2}f(x,t) = 0 \tag{1.14}$$

と表される。この方程式は上述の $x+ct$ 及び $x-ct$ を変数とする任意の波形 $f(x+ct)$ 及び $f(x-ct)$ により満たされることが確かめられる。

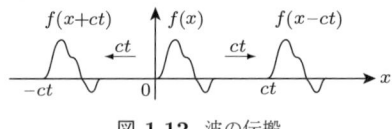

図 **1.12** 波の伝搬

## 1.24 波動方程式を解くとは

波動方程式を解くとは条件を満足する答えを見つけ出すことを言う。任意の波形 $f(x\pm ct)$ が波動方程式を満たすことから分かるように,条件(束縛,制約)がなければ無数の解が存在する。その中から条件に合うものを見つけ出すこと。きちんと条件を設定すれば,答えは唯一に絞られるが,設定の仕方が拙ければ,答えが無かったり,複数あったりする。通常,音源及び領域周辺の情報とある時刻における音場の状態を与える。即ち駆動力と境界条件及び初期条件から波動方程式の解が求められる。境界条件を満たす解の集合の中から駆動力及び初期条件に合致するものを選ぶことになる。

## 1.25　自由振動

　媒質（振動系）は外から駆動力を加えなくても振動することができる。と言うよりは，駆動力を取り去っても，振動はしばらく継続する（残響）。この駆動力のない状態（音源停止の状態）における振動が自由振動である。これは波動方程式

$$\frac{\partial^2}{\partial x^2}f(x,t) - \frac{1}{c^2}\frac{\partial^2}{\partial t^2}f(x,t) = 0 \tag{1.15}$$

を満たす解に，無意味な

$$f(x,t) = 0$$

以外の解，即ち $f(x,t)$ が恒等的には零でない解があることを意味する。系には固有の様々な振動の様式と周波数（固有振動モードと固有振動数）が存在する。しかしながら自由振動はエネルギー源が絶たれていることから，系内の損失により次第に減衰，消滅する運命にある過渡的な振動である。

## 1.26　強制振動

　一般に振動を持続させるためには，外部からエネルギーを供給する必要がある。外力（エネルギーの供給源）は波動方程式 (1.15) の右辺に現れる。例えば一点 $x=0$ に振幅 $Q$，角周波数 $\Omega$ の正弦的な外力が作用する場合，式 (1.15) は

$$\frac{\partial^2}{\partial x^2}f(x,t) - \frac{1}{c^2}\frac{\partial^2}{\partial t^2}f(x,t) = -2Qe^{-j\Omega t}\delta(x) \tag{1.16}$$

と表される。
　角周波数 $\Omega$ の一定の外力で駆動して得られる定常的な振動を強制振動という。強制振動は外力（駆動源）と同じ周波数 $\Omega$ を持つが，$\Omega$ を振動系の固有振動数 $\omega_n$ に近づけると，振動振幅はどんどん大きくなり，いわゆる共振（共鳴）現象が起きる。
　なお，一般の外力に対しては，外力を周波数成分に分解し，各周波数成分に関する定常解を求め，その結果を合成する（重ね合わせる）か，外力を微小インパルス列に分解し，各インパルスへの系の過渡応答を求め，合成すればよい。前者を

周波数応答法（伝達関数法），後者をインパルス応答法（グリーン関数法，Green function method）という．いずれの方法によっても外力に対する応答（振動解）が求められるが，系が線形であること，即ち振動を成分に分解し，合成することにより結果が得られる性質を用いている．

## 1.27 波の姿（波の表現）

障害物のない自由空間においては，音源から離れるにつれて波面（等位相面）は平面状に広がり，遠距離では平面波と見なされる．一方，球面波や円筒波の波面は無数の接平面から合成される包絡面であり，平面波の集合により表すことができる．逆に平面波は球面波の集合や円筒波の集合により表すこともできる．波をどのように表現するかは，導入する座標系により無限の自由度がある．通常の直角座標を採用すれば平面波の集合で表されるが，実際上は音源や領域の形状（境界の形）を考慮して選択される．

## 1.28 波動方程式の無意味な解（？）

3次元の波動方程式

$$\frac{\partial^2}{\partial x^2}\phi(x,y,z,t) + \frac{\partial^2}{\partial y^2}\phi(x,y,z,t) + \frac{\partial^2}{\partial z^2}\phi(x,y,z,t) - \frac{1}{c^2}\frac{\partial^2}{\partial t^2}\phi(x,y,z,t) = 0 \tag{1.17}$$

は自明な解

$$\phi(x,y,z,t) \equiv 0$$

を持っている．この解は通常，無意味な解として無視される．波の無い状態を表していると考えられるからである．だが，本当にそうであろうか．波とは何か？ ひょっとしたら，この解には波の本質が秘められていないであろうか．

媒質に力が作用すると，その部分がひずみ，圧力や密度，体積，温度等が変化し，空間を伝わっていく．これらのひずみが伝搬する姿が音波である．音波とはある点で発生したひずみを他に分散し（受け渡し），元に戻ろうとする営みである．

## 1.28. 波動方程式の無意味な解（？）

　全ての波が集まると不思議なことが起こる。振幅，周波数，位相を与えると一つの波（正弦波）が定まる。しかし，全ての正弦波を集め，均等に重ね合わせる（合成する）と消えてしまう。媒質のひずみは解消し無くなってしまう。どれか我を通す成分（自己主張する成分）があると，それが目立つ。各成分がほどよく調和し，バランスするとひずみは解消する。この何もない状態は全ての波の成分が等しく寄与し，互いに協調した結果である。即ち，何もないことは（無とは），全てが有ることである。波（ひずみ）は無から生まれ，無に戻っていく。無とは波の母体（創造の源泉）である。

　全てのひずみを平等に扱い，加算合成すれば消えてしまう。ひずみには正負があり，可能なもの全てを平等に足し合わせれば消えてしまう。数直線上の全ての数字を均等に加算すれば0（無）となるように。0は全ての数字の根源（母体）である。かくして波動方程式の解（無意味な解？）

$$\phi(x, y, z, t) \equiv 0$$

は全ての波の成分が結集し，調和のとれた（安定で平和な）状態を表していると考えられる。換言すれば，「静か（音が無い）ということはあらゆる音があること。しかも節度ある調和のとれた状態（涅槃寂静：平和な世界の状態）にあること。」を意味する。

　現代音楽の作曲家ジョン・ケージ（John Milton Cage Jr.）のピアノのための作品「4分33秒」では，演奏者はピアノの前に座ったまま，4分33秒の間，何も弾かずに舞台を去って行くという。物理的な音による演奏が全くない無音の世界。ケージはあらゆる音が均衡し，バランスした世界に聴衆が耳を傾けることを願ったのであろうか。あるいはまた，音は沈黙があってこその存在であること（音と沈黙は不二であること）を伝えたかったのであろうか。

> **< Note 1>** 何故「4分33秒」なのか？
> 
> 　この数値には動きのない無音（全てが凍りついた静寂）の世界が黙示されている。すなわち数値としての4分33秒（= 273秒）は絶対零度（−273°C）の状態を暗示している。

## 1.29 無秩序な音場（拡散音場）

音のエネルギーが場所に依らず縦横無尽にあらゆる方向に流れている状態を拡散音場という。例えば固い天井や床，壁面で囲まれた部屋の中で音を放射すれば，音は反射を繰り返し，右往左往するであろう。音が充満し，入り乱れたライブな室内の複雑な音場を理想化したものが拡散音場である。拡散音場はいろいろな方法でモデル化することができる。例えばあらゆる方向に伝搬する平面波の集合を考えてみよう。各平面波の振幅も同じ，位相も同じとすれば，加算された（合成された）波は単純な球面波になってしまう。しかし，この球面波を構成する平面波相互の位相関係をデタラメにしたらどうであろうか。波面は乱れ，しっちゃかめっちゃか，互いの統制は崩れ，各平面波は相手かまわず勝手に振舞い，いわゆる拡散音場が出現する。音場は様々な方法で構成されるが，各構成要素が自由勝手に振舞えば拡散的になるのである。位相関係がデタラメになれば，干渉は無視され，エネルギーの流れのみが重要となる。拡散音場とは図 1.13 のように音線（音のエネルギー粒子の軌跡）が領域内を巡回（徘徊）し，万遍なく埋めつくした状態であると考えられる。

図 1.13 拡散音場での音線の様子

## 1.30 干渉と位相関係

以上，波について種々述べてきたが

- 音源の指向性

- 定在波
- 固有振動／共鳴
- 波の全体は無である

など典型的な波動現象の多くは干渉に起因するものである。干渉は同一周波数からなる成分波の重ね合わせによって生ずる。しかも成分波相互の位相関係がきちんとしていることが大切である。位相関係が乱れると干渉の影響は弱まる。とくに位相関係が無秩序な場合には、個々の成分は勝手（独立）に振舞い、非干渉性（インコヒーレント）であるといい、エネルギーの流れに主たる関心が注がれる。上述の拡散音場はその例である。

## 1.31 皆同じ／音の中身

空気中の音の中身について考えてみよう。通常は音圧や粒子速度を取り上げることが多い。音圧は気圧の微弱な時間変化であり、粒子速度は媒質粒子の微弱な振動速度である。他にも空気の体積や密度、温度等の微弱な時間変化も波として伝わる。しかもこれらが全て同じ波動方程式で記述され、速度（音速）$c$ で伝わる。空気中では空気の諸量（圧力、体積、密度、温度）の微弱な時間変化や振動変位・速度・加速度等が全て音速 $c$ で伝わるのである。その理由は、2.1 節で見るようにこれら微弱な諸量の間に単純な比例関係が成り立つことによる。

## 1.32 では何故音圧なのか？

音圧は大気圧の微弱な変動であり、媒質粒子の振動を引き起こす。媒質（空気）の各部の体積や密度、温度の変動をも引き起こし、これら全てが波として音速 $c$ で伝わることを述べた。しかし物理学では音といえば、音圧と空気粒子の振動速度（粒子速度）を扱う。なかでも音圧に注目することが多い。

その理由の第 1 は人間の感覚は空気の密度や体積、温度の変化よりも圧力の変化に敏感であること

「耳では音圧を音としても聞いている」

ことによる。それ以外にも

- 音圧はスカラ量であり，マイクロホンにより容易に計測される。
- 粒子速度はベクトル量であり，その取扱いが面倒である。
- 体積や密度，温度の微弱な変動を精度よく計測するのは困難である。

ことなどが挙げられる。

## 1.33 再び音源について

　音源とは，読んで字の如く，音を発する源のことであるが，様々な視点から捉えることができる。まず音を発生させるためには媒質内のある部分に時々刻々変化する力を加え，ひずみ（振動変位）を起こせばよい。具体的には楽器やスピーカー，口，ジェット（乱流）などがある。打楽器や弦楽器（響板），スピーカーや受話器では物体の振動が周囲の空気を振動させ，音を発生させている。それに対し，口やジェットでは気流（呼気）を断続させたり，気流の乱れや渦から音を作り出している。その他，媒質の温度（密度，体積）の変動を引き起こす方法としてはレーザー光の強度を信号により変化させ（変調し），空中に放射することで信号音を発生させることもできる。

　さて話がやや抽象的になるが，一般の音源は既に述べたように小さな音源（点音源）が集まったものと見なされる。点音源はそれぞれ周囲に一様な球面波を放射するが，各点音源の位相関係には様々な場合が想定される。結果として図1.14に示すように一般的に音源は

　　　単極子　　　（1つの点音源で代表される）
　　　双極子　　　（逆位相の1対の点音源で代表される）
　　　四重極子　　（逆方向の1対の双極子で代表される）
　　　…

に分類されるが，実際にはこれらが混ざり合ったものとなっている。通常は体積変化を伴う単極子が優勢であることが多いが，単極子が抑制されると双極子，次いで四重極子が前面に現れることがある。

　四重極子が活躍する有名な例としてジェットノイズがある。ジェット気流では渦により四重極子が発生するが，音の放射強度はマッハ数（流速と音速の比）の8乗に比例するため，流速が小さいときは殆ど目立たないが，流速の増加とともに，

急激に勢いを得て表舞台に踊り出てくる。ジェットノイズの発生と放射のメカニズムについてはライトヒル（M. J. Lighthill）の論文に詳しく述べられている。

単極子は無指向性であり，全ての方向に一様に音を放射するが，双極子は8の字型の，また四重極子は四つ葉形の指向性を有する。通常，音源は周波数が低い（波長が長い）ときは無指向性であるが，周波数が高くなるにつれて指向性は複雑かつ鋭くなる。これは低周波数域においては単極子放射が優勢であるが，周波数が高くなるにつれ，双極子や四重極をはじめとする多重極の寄与が増加することによる。

図 1.14 音源の種類

## 1.34 ホーン（ラッパ）の役割

音源から効率良く音を放射するには工夫が要る。図 1.15 に示すようなホーン（ラッパ）は大きな音を出す装置又は音を拡大する仕掛けと思われている。より正確には音源から効率良く音を引き出す装置である。ホーンには各種の形状があり，それにより放射効率が異なる。音源から外部の空間へ，スムーズに音を導くには，どの様な形状が望ましいか。広い空間に即座に（一度に）放り出されるよりは，少しずつ徐々に周囲の状況に適応しながら出て行く方が安心である。伝搬路の急激な変化は，反射を引き起こし，放射効率を低下させる。できるだけホーンの形状を自然に拡大し，外部の空間にスムーズに接続し，波を導くことが望ましい。幾分専門的になるが，音源の内部インピーダンスと空間の特性インピーダンス $\rho c$ の間のギャップを出来るだけ小さくし，両音の整合をはかる変成器（トランス）の働きをしているのである。またホーンは一種の音響管であることから高域通過フィルタとして働き，波長の短い高周波数の音は通し易いが，波長の長い低周波数の音を通し難い性質がある。

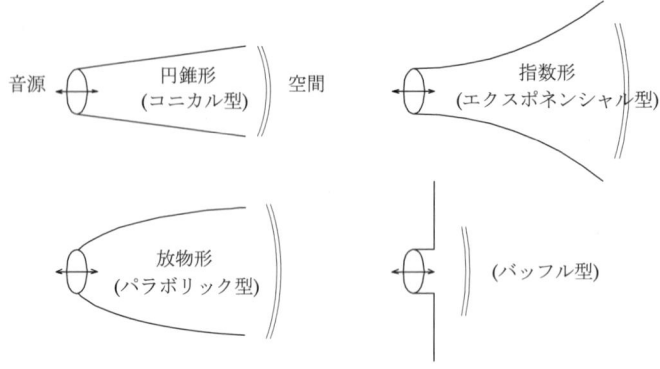

**図 1.15** ホーンの種類

## 1.35 媒質の $\rho c$

媒質中を音がスムーズに伝わるためには障害物が無いことが必要であるが，それ以外に媒質の音響的性質 $\rho c$（密度 $\rho$ と音速 $c$ の積）が一定であることが必要である。$\rho c$ が変わると，そこで音の一部が反射され，伝送されるエネルギーが減少するからである。$\rho c$ の変化が大きいほど反射の量は増える。

物理学や工学でエネルギーを扱う場合にはいつも2つの変数が登場する（2人の主役がいる）。例えば電気回路（正弦波交流）では電圧 $E$ と電流 $I$，機械振動では力 $F$ と速度 $V$ である。2つの変数の比

$$Z_\mathrm{E} = \frac{E}{I} \tag{1.18}$$

$$Z_\mathrm{M} = \frac{F}{V} \tag{1.19}$$

はインピーダンスと呼ばれ，それぞれ電気回路や機械振動系の負荷を特徴づける量である。$Z_\mathrm{E}, Z_\mathrm{M}$ が正の実定数（純抵抗 $R_\mathrm{E}, R_\mathrm{M}$）であれば，$E$ と $I$，$F$ と $V$ は同位相となり，2つの変数は時間的に全く同じタイミングで山，谷を繰り返し，互いに協調して仕事のできる状態（同期状態）にあり，負荷にスムーズにエネルギーを供給する。変数の積

$$P_\mathrm{E} = EI = R_\mathrm{E} I^2 \tag{1.20}$$

$$P_\mathrm{M} = FV = R_\mathrm{M} V^2 \tag{1.21}$$

は単位時間の仕事量を表す。

音の場合には、音圧 $p$ と粒子速度 $u$ が協調してエネルギーの伝送が行われる。平面進行波では $p$ と $u$ の比を媒質の特性インピーダンスといい $\rho c$ で与えられる。

$$Z_S = \frac{p}{u} = \rho c \tag{1.22}$$

この $\rho c$ は媒質固有の量であり、$\rho c$ が一定である限り、平面波は媒質中をスムーズに伝搬していく。即ち媒質が負荷として音のエネルギーを完全に吸収し、次々に伝送していくのである。

## 1.36 電気, 機械, 音響系のアナロジー

物理的には全く別々に見える現象が数学的には同一の方程式で記述されることがある。電気, 機械, 音響系における振動現象（図1.16）もその一つである。

例えばコイル $L$, コンデンサ $C$ 及び抵抗 $R$ を直列に連ねた電気回路の電圧（起電力）$e(t)$ と電流 $i(t)$ の間には

$$L\frac{di(t)}{dt} + Ri(t) + \frac{1}{C}\int i(t)dt = e(t) \tag{1.23}$$

なる関係が、また質量 $m$, バネ定数 $k(=1/C_M)$ 及び機械損失（ダンパー）$r_M$ からなる機械振動系の外力 $f(t)$ と振動速度 $v(t)$ の間には

$$m\frac{dv(t)}{dt} + r_M v(t) + \frac{1}{C_M}\int v(t)dt = f(t) \tag{1.24}$$

なる関係が、さらに音響質量 $m_A$, 音響容量 $C_A$ 及び音響損失 $r_A$ からなるヘルムホルツの共鳴器の音圧 $p(t)$ と体積速度 $U(t)$ の間には

$$m_A\frac{dU(t)}{dt} + r_A U(t) + \frac{1}{C_A}\int U(t)dt = p(t) \tag{1.25}$$

なる関係がある。なお体積速度 $U(t)$ とは気柱の断面積 $S$ と振動速度 $u(t)$ の積をいう。これら3つの方程式は数学的には同じ形をしており（等価であり）、電気, 機械, 音響振動系の間には表1.1に示す対応関係があることが分かる。

この対応関係（アナロジーという）を用いれば、機械振動系や音響振動系を電気回路により模擬して取り扱うことができる。マイクロホンや電話機などの電気音響機器の動作の解析や設計にしばしば用いられる。

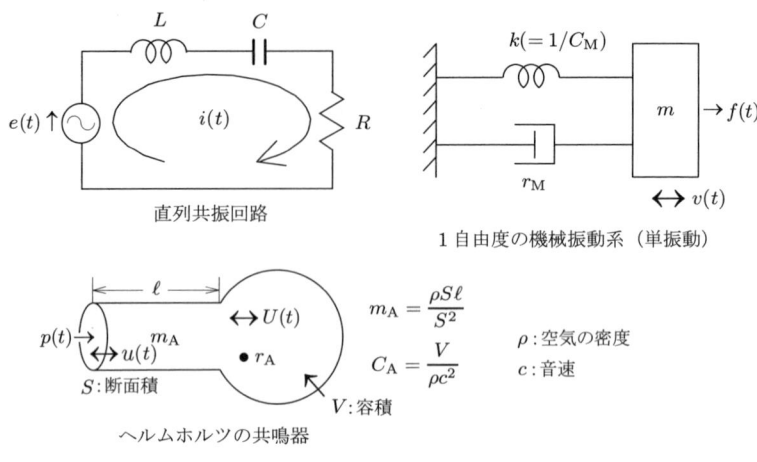

図 1.16 電気,機械,音響系における振動現象

表 1.1 振動系のアナロジー

| | 電気 | | 機械 | | 音響 | |
|---|---|---|---|---|---|---|
| 変量 | 電圧 | $e(t)$ | 力 | $f(t)$ | 音圧 | $p(t)$ |
| | 電流 | $i(t)$ | 速度 | $v(t)$ | 体積速度 | $U(t)$ |
| | (電荷) | $q(t)$ | (変位) | $x(t)$ | (体積変位) | $X(t)$ |
| 定数 (素子) | インダクタンス (コイル) | $L$ | 質量 | $m$ | 音響質量 (気柱) | $m_A$ |
| | キャパシタンス (コンデンサ) | $C$ | 機械容量 (バネ) | $C_M$ | 音響容量 (空洞) | $C_A$ |
| | 抵抗 (損失) | $R$ | 機械抵抗 (損失) | $r_M$ | 音響抵抗 (損失) | $r_A$ |

## 1.37 電気音響変換

　実は単に式の上での対応があるというだけではない。音を電気に,電気を音に変える装置が存在し,音と電気は自由に（容易に）変換することができる。このような働きをする装置を電気音響変換器（トランスデューサー）といい,マイクロホンやスピーカー,送話器や受話器等がある。変換の詳細には触れないが様々な原理が用いられている。図 1.17 は変換のフロー（ブロック図）である。

　変換器の内部には振動板（機械振動系）が介在し,電気信号と音響信号の間の重要な橋渡しをしている。かくして音と電気信号は等価と見なされ,音の加工や処理,記録等が電気的になされ,パソコンやディスプレイ等の情報機器の発達に伴い,音は耳で聞くだけではなく,目でも楽しめるようになりつつある。電気音響

機器は電気，機械，音響の3つの振動系が一体となったものである．従って同一の基盤を与えるものとしての回路表示（前節のアナロジー）は極めて有用である．

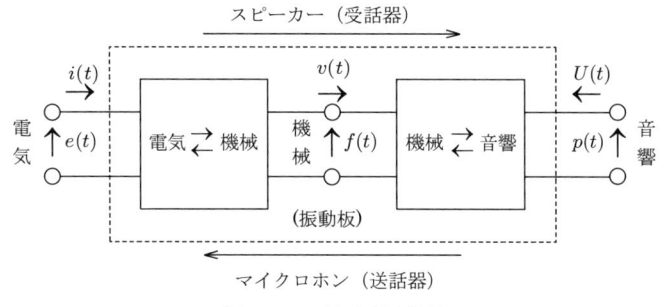

図 **1.17** 電気音響変換器

# 第2章　音の方程式の生い立ち

音とは空気の圧力（大気圧）や体積，密度などの微弱な変動が波として空間を伝わる現象である。従ってこれら諸量の間の基本的な関係（気体の状態方程式）と空気の各部の変形及び振動（運動方程式）を結び付ける必要がある。

本章では，音の物理現象を記述する波動方程式の導き方について，できるだけ平易に述べることにする。

## 2.1　気体の状態方程式

音は気体の圧力，体積，密度等の微弱な変動に係わる問題である。そこで，まずこれら諸量の間の基本的な関係について整理しておこう。

図 2.1 に示すように気体の各部に注目し，その部分の圧力を $P$，体積を $V$，密度を $\rho$，温度（絶対温度）$T$，また熱量を $Q$，質量を $m$ とする。気体に関してはよく知られた状態方程式

$$PV = RT \quad (R：気体定数) \tag{2.1}$$

が成り立つこと，また質量 $m$ は不変であるとすれば

$$\rho V = m = 一定 \tag{2.2}$$

が成り立つ。

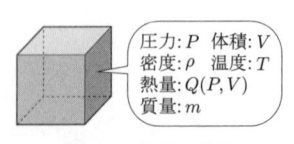

図 **2.1**　気体の諸量

さらに気体中の音波は断熱変化に従う（音波による気体の膨張，圧縮は極めて迅速であり，熱量 $Q$ の移動は無視できる）ことから

$$Q(P,V) = Q(P(T), V(T)) = 一定 \tag{2.3}$$

と考えられる．なお，$Q$ は $P$ と $V$，また $P,V$ は $T$ に依存する．

音波はこの気体の状態 $P,V,\rho,T$ に微小な変動 $\Delta P, \Delta V, \Delta \rho, \Delta T$ を引き起こす．これら諸量の微弱な変動の間の関係は式 (2.1),(2.2),(2.3) の微分を取ることにより求められる．

$$\frac{\Delta P}{P} + \frac{\Delta V}{V} = \frac{\Delta T}{T} \tag{2.4}$$

$$\frac{\Delta \rho}{\rho} + \frac{\Delta V}{V} = 0 \tag{2.5}$$

$$\left(\frac{\partial Q}{\partial T}\right)_V \Delta T + \left(\frac{\partial Q}{\partial T}\right)_P \Delta T = \left(c_V \frac{\Delta P}{P} + c_P \frac{\Delta V}{V}\right) T = 0$$

即ち

$$\left(\frac{\Delta P}{P} + \gamma \frac{\Delta V}{V}\right) T = 0 \tag{2.6}$$

ただし

$$c_P = \left(\frac{\partial Q}{\partial T}\right)_P, c_V = \left(\frac{\partial Q}{\partial T}\right)_V, \gamma = \frac{c_P}{c_V}$$

は定圧比熱，定容比熱及び両者の比（空気ではほぼ 1.4）である．

式 (2.4),(2.5),(2.6) より音波に伴う微弱な変動 $\Delta P, \Delta V, \Delta \rho$ 及び $\Delta T$ の間には

$$\Delta P = -\gamma P \frac{\Delta V}{V} = \gamma P \frac{\Delta \rho}{\rho} = \frac{\gamma P}{\gamma - 1} \frac{\Delta T}{T} \tag{2.7}$$

なる比例関係があることが知られる．さらに後述のごとく音速 $c$ が

$$c = \sqrt{\gamma P / \rho} \tag{2.8}$$

で与えられることに留意すれば，式 (2.7) は

$$\Delta P = -\rho c^2 \varepsilon_V = c^2 \Delta \rho = \frac{\rho c^2}{\gamma - 1} \frac{\Delta T}{T} \tag{2.9}$$

と表される。ただし

$$\varepsilon_V = \frac{\Delta V}{V} \tag{2.10}$$

は気体の体積ひずみである。

音波による気体の微小な圧力変動 $\Delta P$ は通常，音圧と呼ばれる。音圧はこのように気体の体積，密度及び温度の微小な変化 $\Delta V, \Delta \rho, \Delta T$ に比例している。空気の場合には

$$\rho \simeq 1.2 \mathrm{kg/m^3},\ c \simeq 340 \mathrm{m/s},\ \gamma \simeq 1.4,\ T \simeq 300°\mathrm{K}$$

であることを考慮すれば式 (2.9) はおおよそ

$$\Delta P \simeq 10^5 \varepsilon_V \simeq 10^5 \Delta \rho \simeq 10^3 \Delta T \tag{2.11}$$

となり，音圧 $\Delta P$ は体積ひずみ $\varepsilon_V$ や密度の変動 $\Delta \rho$，気温の変動 $\Delta T$ に比し，$10^3 \sim 10^5$ 倍にも達する。

## 2.2 音による気体の変形（ひずみ）と運動（振動）

気体の各部は音圧の勾配（傾き）に基づく力を受け，振動するとともに，変形（体積の変化）を受ける。音による各部の運動や変形の様子をまず簡単のため図 2.2 に示す 1 次元の場合について説明する。管内を $x$ 軸に沿って伝搬する音を考える。

管内の点 $x$，時刻 $t$ における音圧を $\Delta P = p(x,t)$ とする。断面積 $S$ の微小区間 $[x, x+\Delta x]$ に着目すれば，区間の左方からは力

$$F = Sp(x,t) \tag{2.12}$$

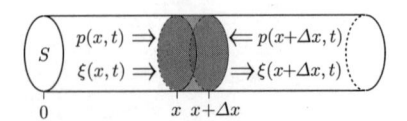

図 **2.2** 気体の変形と運動（1 次元）

が，右方からは

$$F' = Sp(x + \Delta x, t) = Sp(x,t) + S\Delta x \frac{\partial p(x,t)}{\partial x} \qquad (2.13)$$

が加わり，この区間（質量 $\rho S \Delta x$）には

$$\Delta F = F - F' \simeq -\frac{\partial p(x,t)}{\partial x} S \Delta x \qquad (2.14)$$

なる力が働く．従って時点 $(x,t)$ における気体粒子の変位を $\xi(x,t)$ とおき，ニュートンの運動の法則（Newton's law of motion）を適用すれば

$$\rho S \Delta x \frac{\partial^2 \xi(x,t)}{\partial t^2} = \Delta F = -\frac{\partial p(x,t)}{\partial x} S \Delta x \qquad (2.15)$$

即ち

$$\rho \frac{\partial^2 \xi(x,t)}{\partial t^2} = -\frac{\partial p(x,t)}{\partial x} \qquad (2.16)$$

が得られ，密度 $\rho$ の気体の各部は圧力（音圧）の負勾配に相当する力 $-\partial p/\partial x$ を受け運動（振動）することになる．

## 2.3 気体の体積ひずみ

上記の微小区間 $[x, x+\Delta x]$ は音波による変形（体積の変化）を受ける．音のないときの体積

$$V = S\Delta x$$

は音が存在する場合には

$$\Delta V = S\xi(x+\Delta x, t) - S\xi(x,t)$$
$$\simeq S\Delta x \frac{\partial \xi(x,t)}{\partial x} = V \frac{\partial \xi(x,t)}{\partial x} \qquad (2.17)$$

だけ増加する．体積変化量 $\Delta V$ と元の体積 $V$ との比

$$\varepsilon_V = \frac{\Delta V}{V} = \frac{\partial \xi(x,t)}{\partial x} \qquad (2.18)$$

が体積ひずみであり，音による単位体積当りの変化量を表す。

$\varepsilon_V > 0$ の場合は体積の湧き出し（増加）を，また $\varepsilon_V < 0$ の場合には体積の吸い込み（減少）を意味する。

## 2.4　1次元の波動方程式

上述の式 (2.18) を式 (2.7) に代入すれば

$$p(x,t) = -\gamma P \frac{\partial \xi(x,t)}{\partial x} \tag{2.19}$$

が得られる。応力（音圧）と歪みの比例関係を示す断熱気体に対するいわゆるフックの法則（Hooke's law）である。ニュートンの運動方程式 (2.16) とこのフックの法則を表す式 (2.19) から音圧 $p$ 及び振動変位（粒子変位）$\xi$ に対する 1 次元の波動方程式

$$\frac{\partial^2 p}{\partial x^2} = \frac{1}{c^2}\frac{\partial^2 p}{\partial t^2} \tag{2.20}$$

$$\frac{\partial^2 \xi}{\partial x^2} = \frac{1}{c^2}\frac{\partial^2 \xi}{\partial t^2} \tag{2.21}$$

が得られる。体積ひずみ $\varepsilon_V$，密度の変動 $\Delta\rho$，気温の変動 $\Delta T$ は式 (2.9) から明らかなように音圧 $p\,(=\Delta P)$ と比例関係にあることから，上記と同じ波動方程式を満たす。また式 (2.21) を時間 $t$ で微分すれば粒子速度 $u\,(=\partial\xi/\partial t)$ も同一の波動方程式に従う。これらは音に関する 1 次元の波動方程式と呼ばれ，後述のように $x$ 軸の正及び負方向へ速度

$$c = \sqrt{\gamma P/\rho} \tag{2.22}$$

で伝搬する波を表す。

## 2.5　3次元の音波の方程式

上述の議論を 3 次元 ($x, y, z$ 空間）に拡張するには媒質粒子（気体の微小要素）の運動方程式と体積ひずみに関する式を 3 次元空間の表示（図 2.3）に改め

## 2.5. 3次元の音波の方程式

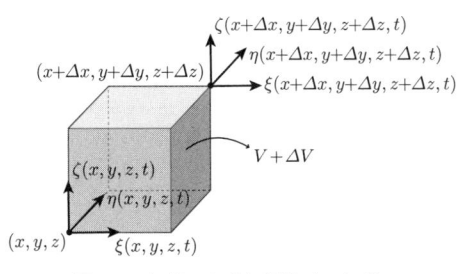

図 2.3 気体の変形と運動 (3次元)

ればよい。点 $(x,y,z)$ における時刻 $t$ の媒質粒子の振動変位ベクトルの成分を $\xi(x,y,z,t), \eta(x,y,z,t), \zeta(x,y,z,t)$ とすればニュートンの運動方程式 (2.16) は 3 次元では

$$\rho \frac{\partial^2 \xi}{\partial t^2} = -\frac{\partial p}{\partial x}$$
$$\rho \frac{\partial^2 \eta}{\partial t^2} = -\frac{\partial p}{\partial y} \quad (2.23)$$
$$\rho \frac{\partial^2 \zeta}{\partial t^2} = -\frac{\partial p}{\partial z}$$

と書かれる。

また体積ひずみは $x,y,z$ 方向のひずみ成分 $(\partial \xi/\partial x, \partial \eta/\partial y, \partial \zeta/\partial z)$ の和

$$\varepsilon_V = \frac{\Delta V}{V} = \frac{\partial \xi}{\partial x} + \frac{\partial \eta}{\partial y} + \frac{\partial \zeta}{\partial z} \quad (2.24)$$

となり、フックの法則は次式で与えられる (<Note 2> 参照)。

$$p = -\gamma P \varepsilon_V = -\gamma P \left( \frac{\partial \xi}{\partial x} + \frac{\partial \eta}{\partial y} + \frac{\partial \zeta}{\partial z} \right) \quad (2.25)$$

これより式 (2.23), (2.25) において、$\xi, \eta, \zeta$ を消去すれば音圧 $p$ に関する 3 次元の波動方程式

$$\frac{\partial^2 p}{\partial x^2} + \frac{\partial^2 p}{\partial y^2} + \frac{\partial^2 p}{\partial z^2} = \frac{1}{c^2} \frac{\partial^2 p}{\partial t^2} \quad (2.26)$$

が導かれる。音圧 $p$ に比例する体積ひずみ $\varepsilon_V$、密度及び気温の変動 $\Delta \rho, \Delta T$ も同一の波動方程式を満たす。

ところで式 (2.24) を時間 $t$ で微分すれば

$$\frac{\partial \varepsilon_V}{\partial t} = \frac{\partial u}{\partial x} + \frac{\partial v}{\partial y} + \frac{\partial w}{\partial z} \equiv \nabla \cdot \boldsymbol{q} \tag{2.27}$$

が得られる．ここに $u, v, w$ は粒子速度ベクトル $\boldsymbol{q}$ の成分

$$u = \frac{\partial \xi}{\partial t}, v = \frac{\partial \eta}{\partial t}, w = \frac{\partial \zeta}{\partial t} \tag{2.28}$$

であり，$\nabla \cdot \boldsymbol{q}$ は単位体積，単位時間あたりの体積の湧き出し量を表す．式 (2.27) は体積の時間増加率 $\partial \varepsilon_V / \partial t$ がこの湧き出し量に等しいことを示し，連続の式といわれる．

> **< Note 2 >** フックの法則（Hooke's law）
>
> 物体に力を加えると変形を引き起こす．弾性体では変形の量は力に比例する．より正確にはフックの法則「ひずみは応力に比例する」が成り立つ．応力は単位面積当りの力，ひずみは長さや体積などの変化量と元の量の比をいう．例えば元の体積を $V$，変化量を $\Delta V$ とすれば $\Delta V / V$ は体積ひずみである．式 (2.25) は音圧 $p$ と体積ひずみ $\varepsilon_V = \Delta V / V$ が比例することを表している．音による単位面積当りの力が音圧であり，音圧は応力そのものである．

## 2.6 音速

音速は式 (2.22) から知られるように気体の圧力 $P$ と密度 $\rho$ に依存する．また $P$ と $\rho$ は絶対温度 $T$[K] の関数であることから音速 $c$ も温度の関数である．$c$ と $T$ との関係は式 (2.22) に式 (2.1),(2.2) を代入すれば容易に求められ

$$c = \sqrt{\gamma P V / \rho V} = \sqrt{\gamma R T / m} \tag{2.29}$$

絶対温度 $T$ の平方根に比例する．さらに

$$T = 273 + \theta \tag{2.30}$$

とおき，通常の温度 $\theta[°\mathrm{C}]$ で表せば

$$
\begin{aligned}
c(\theta) &= \sqrt{(\gamma R/m)(273+\theta)} \\
&= c(0)\sqrt{1+\theta/273} \simeq c(0)(1+\theta/546)
\end{aligned}
\tag{2.31}
$$

となる。ここで $0°\mathrm{C}$ における空気中の音速

$$c(0) \fallingdotseq 331[\mathrm{m/s}]$$

を代入すれば

$$c(\theta) \simeq 331 + 0.6\theta \tag{2.32}$$

が得られる。気温が $1°\mathrm{C}$ 度上昇するごとに空気中の音速は $0.6\mathrm{m/s}$ 増加することが分かる。

## 2.7 速度ポテンシャル

音の伝搬を扱う際に，粒子速度ベクトル $\boldsymbol{q} = (u, v, w)$ に対し

$$\boldsymbol{q} = -\boldsymbol{\nabla}\phi \tag{2.33}$$

で定義される速度ポテンシャル $\phi$ がしばしば導入される。これはベクトル場 $\boldsymbol{q}(x, y, z, t)$ よりもスカラ場 $\phi(x, y, z, t)$ の方が取り扱い易いからである。ここに

$$\boldsymbol{\nabla} \equiv \left(\frac{\partial}{\partial x}, \frac{\partial}{\partial y}, \frac{\partial}{\partial z}\right)$$

は場の勾配を求める微分演算子である（<Note 3> 参照）。

さてニュートンの運動方程式 (2.23) は $\boldsymbol{\nabla}$ と $\boldsymbol{q}$ を用いれば

$$\rho \frac{\partial \boldsymbol{q}}{\partial t} = -\boldsymbol{\nabla} p \tag{2.34}$$

と表せるが，式 (2.33) を代入すれば

$$\rho \frac{\partial \boldsymbol{\nabla} \phi}{\partial t} = \boldsymbol{\nabla} p \tag{2.35}$$

となり

$$p = \rho \frac{\partial \phi}{\partial t} \tag{2.36}$$

が得られる。さらに両辺を $t$ で微分すれば

$$\frac{\partial p}{\partial t} = \rho \frac{\partial^2 \phi}{\partial t^2} \tag{2.37}$$

と書かれる。同様に，音圧とひずみとの関係式 (2.25) を $t$ で微分すれば

$$\frac{\partial p}{\partial t} = -\gamma P \left( \frac{\partial u}{\partial x} + \frac{\partial v}{\partial y} + \frac{\partial w}{\partial z} \right) = \gamma P \left( \frac{\partial^2 \phi}{\partial x^2} + \frac{\partial^2 \phi}{\partial y^2} + \frac{\partial^2 \phi}{\partial z^2} \right) \tag{2.38}$$

が得られる。従って式 (2.37),(2.38) を等置すれば速度ポテンシャル $\phi$ も音圧 $p$ と同一の波動方程式

$$\frac{\partial^2 \phi}{\partial x^2} + \frac{\partial^2 \phi}{\partial y^2} + \frac{\partial^2 \phi}{\partial z^2} = \frac{1}{c^2} \frac{\partial^2 \phi}{\partial t^2} \tag{2.39}$$

を満たすことになる。さらに上式の両辺を $x, y, z$ で順次微分すれば，それぞれ $u, v, w$ に関する波動方程式，即ち粒子速度ベクトル $\bm{q}$ に関する波動方程式

$$\frac{\partial^2 \bm{q}}{\partial x^2} + \frac{\partial^2 \bm{q}}{\partial y^2} + \frac{\partial^2 \bm{q}}{\partial z^2} = \frac{1}{c^2} \frac{\partial^2 \bm{q}}{\partial t^2} \tag{2.40}$$

が導かれる。なお，これら 3 次元の波動方程式に登場する微分演算子

$$\frac{\partial^2}{\partial x^2} + \frac{\partial^2}{\partial y^2} + \frac{\partial^2}{\partial z^2} \equiv \Delta$$

はラプラスの演算子（ラプラシアン）と呼ばれ，式 (2.39),(2.40) などは

$$\Delta \phi = \frac{1}{c^2} \frac{\partial^2 \phi}{\partial t^2}$$

$$\Delta \bm{q} = \frac{1}{c^2} \frac{\partial^2 \bm{q}}{\partial t^2}$$

のごとく表示される（<Note 3> 参照）。

## 2.7. 速度ポテンシャル

上述のように $p, \phi, q$ とも同一の波動方程式に従うが，いずれかの解が得られれば，他は相互の関係式を利用して容易に求められる．通常は速度ポテンシャル $\phi$ に関する波動方程式を解き

$$p = \rho \frac{\partial \phi}{\partial t} \tag{2.41}$$

$$\boldsymbol{q} = -\boldsymbol{\nabla} \phi \tag{2.42}$$

なる関係から音圧 $p$ 及び粒子速度ベクトル $q$ を求めるのが簡便である．

さて天下り的に速度ポテンシャルを導入したが，粒子速度ベクトル $q$ に速度ポテンシャル $\phi$ が存在するのは以下の理由による．音波により媒質（気体）はひずみを受け，膨張・圧縮を繰り返すが，渦を生じることはない．渦のない粒子速度ベクトル場は

$$\boldsymbol{\nabla} \times \boldsymbol{q} = 0 \tag{2.43}$$

と書かれる．渦のないベクトル場は式 (2.33) のようにスカラ関数（ポテンシャル）の勾配で表されることが数学的に証明されている．式 (2.43) は $q$ の成分 $u, v, w$ を用いれば

$$\begin{aligned}
\frac{\partial w}{\partial y} - \frac{\partial v}{\partial z} &= 0 \\
\frac{\partial u}{\partial z} - \frac{\partial w}{\partial x} &= 0 \\
\frac{\partial v}{\partial x} - \frac{\partial u}{\partial y} &= 0
\end{aligned} \tag{2.44}$$

と書かれ，速度ポテンシャル $\phi$ が存在すれば，常にこの関係が成り立つことが容易に確かめられる．

> **< Note 3>** 演算子 $\nabla$ と $\Delta(=\nabla\cdot\nabla)$

よく用いられる微分演算子に $\nabla$ と $\Delta$ がある。$\nabla$ は関数の勾配（$x, y$ 及び $z$ 方向の傾き）を求める演算子で

$$\nabla f = \left(\frac{\partial f}{\partial x}, \frac{\partial f}{\partial y}, \frac{\partial f}{\partial z}\right) = \left(\frac{\partial}{\partial x}, \frac{\partial}{\partial y}, \frac{\partial}{\partial z}\right)f$$

すなわち，3 成分からなるベクトル

$$\nabla = \left(\frac{\partial}{\partial x}, \frac{\partial}{\partial y}, \frac{\partial}{\partial z}\right)$$

である。関数 $f(x,y,z)$ の増分 (全微分)$df$ は

$$df = \frac{\partial f}{\partial x}dx + \frac{\partial f}{\partial y}dy + \frac{\partial f}{\partial z}dz = \nabla f \cdot d\boldsymbol{r}$$

のごとく，関数の勾配 $\nabla f$ と微小変位 $d\boldsymbol{r}$ の内積で表される。一方，

$$\Delta \equiv \frac{\partial^2}{\partial x^2} + \frac{\partial^2}{\partial y^2} + \frac{\partial^2}{\partial z^2}$$

はラプラスの演算子（Laplace operator, Laplacian）と言われ，電磁気学や音響学，弾性論や流体力学など場を扱う物理学の様々な分野で活躍するが，上述の関数（場）の傾きを求める演算子 $\nabla$ の自乗 $\nabla^2$

$$\Delta = \frac{\partial^2}{\partial x^2} + \frac{\partial^2}{\partial y^2} + \frac{\partial^2}{\partial z^2} = \nabla \cdot \nabla = \nabla^2$$

で定義され，場の湧き出し（源）

$$\nabla \cdot \nabla f = \left(\frac{\partial^2}{\partial x^2} + \frac{\partial^2}{\partial y^2} + \frac{\partial^2}{\partial z^2}\right)f$$

を表す。

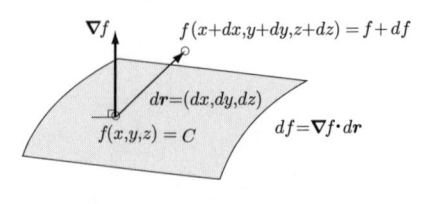

# 第3章 波動方程式へのアプローチ

　音などの媒質の振動現象は，物理的には波動方程式で記述される。波動方程式は，外力（音源や振源などの駆動源）に関する条件及び空間や時間の縁における条件（境界条件，初期条件）を考慮して解かれ，それに伴い，自由振動，強制振動，進行波，定在波，固有振動モード，固有振動数，共鳴等々，様々な用語が現れる。また，波動を表現するのに各種の座標系が用いられ，それにより平面波，円筒波，球面波などが登場する。さらに波動方程式を解くのにも系（媒質）の定常応答に基づく方法と，過渡応答に基づく方法がある。波に関する諸概念とそれを表す用語は波動方程式とその解法に密接に結びついている。

## 3.1 波動方程式と諸条件

　波には，弦や膜，棒などを伝わる振動，空気中や水中を伝わる音波，光，電磁波など様々な種類があるが，いずれも波動方程式と呼ばれる同じタイプの方程式

$$\Delta\phi(\boldsymbol{r},t) - \frac{1}{c^2}\frac{\partial^2}{\partial t^2}\phi(\boldsymbol{r},t) = -kg(\boldsymbol{r},t) \tag{3.1}$$

で記述される。ここに $c$ は波の伝搬速度，$k$ は定数である。以下では，気体中の音波を例に話を進める。

　まず上式の右辺は音源（駆動源）の動作を表し，外力と呼ばれる。そして方程式に課される時間的，空間的制約（束縛）を初期条件及び境界条件という。波動方程式の解は

- 境界条件の有無
- 外力の有無

## 3.1.1 自由空間（束縛無し）

束縛の無い空間（無限に広がった空間）を自由空間という。自由空間では，波動方程式を満たす全ての波が存在し得る。例えば，直交座標を用いれば，あらゆる平面波の集合（1次結合）で，円柱座標を用いれば，あらゆる円筒波の集合で，また，極座標（球座標）を用いれば，あらゆる球面波の集合で解が表される。このように，束縛の無い自由空間では，波動方程式の解は様々な種類の波の集合（1次結合）として表現することができる。なお，集合の各成分の大きさ（寄与）は後述のごとく初期条件により決定される。自由空間の波は基本的には進行波であり，反射波は存在しない。

---

**< Note 4 >　無響室と残響室**

　自由空間とは障害物のない無限に拡がった空間であり，反射は存在しない。したがって反射波のない領域は音響的には自由空間とみなされる。天井や床，壁をガラス繊維などを用いて吸音処理し，極力反射を抑え，響きのほとんど感じられない部屋を作ることができる。このような部屋は無響室と呼ばれる。他方，部屋の境界表面を硬い材料（大理石やコンクリート）で仕上げれば，反射音が充満し入り乱れた複雑な音場を実現することができ，残響室と呼ばれている。無響室は直達音（自由音場）に対する，残響室は乱雑な反射音（拡散音場）に対する人や物への影響を調べるのに使用され，ともに音に関する基礎実験に欠くことのできない施設である。

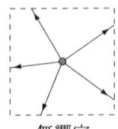

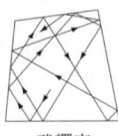

無響室　　　残響室

---

## 3.1.2 閉空間（束縛有り）

それでは，空間的な束縛が加わると，どのようなことが起きるか？ 空間が制限され，その境界上で満たすべき条件（境界条件）が課されると，容易に想像される

ように，自由空間に比し許容される波のグループ（集合）が小さくなる．自由空間における波の要素のうち，境界条件を満たすものだけが生き残る．閉空間（室）では，条件を満たす波の要素は，可付番無限個に減少し，順次番号を付して固有モードと呼んでいる．各モードの実体は，上述の一般的な波の要素の幾つかが連携し，干渉しあってできた定在波である．境界条件を満たす特殊な定在波のパターンが閉空間（室）の固有モードとなる．

### 3.1.3 外力（駆動源）無し／自由振動

波動方程式 (3.1) の右辺 $-kg(\boldsymbol{r},t)$ が音波の駆動源（外力）を表す．この外力がない場合には波動方程式は

$$\Delta\phi(\boldsymbol{r},t) - \frac{1}{c^2}\frac{\partial^2}{\partial t^2}\phi(\boldsymbol{r},t) = 0 \tag{3.2}$$

と書かれ，同次方程式と言われる．この方程式は恒等的に零（無意味な解）

$$\phi(\boldsymbol{r},t) = 0 \tag{3.3}$$

以外に恒等的には零でない解を持つ．この零ではない意味のある解を自由振動と呼んでいる．外力を取り去っても系の振動は存続し得る．系に内在する損失のため，振動は次第に減衰するが，瞬時に消滅するわけではない．自由振動とは，外力を取り去った後の過渡的な振動（音源停止後の残響）である．

なお，自由振動の具体的な姿（方程式の解）は外力を取り除いた時刻 ($t=0$) における系の状態に依存する．$t=0$ における系の状態は初期条件と呼ばれ，この初期条件を満たすように自由振動を形成する個々の成分波の寄与（要素の大きさ）が定まる．

閉空間（室）の自由振動は，その空間の固有モード（定在波のパターン）の集まりであることを述べたが，と同時に各モードは固有の振動数を持つ．従って，室の自由振動（残響場）は，固有振動数 $\omega_\mathrm{n}$ と定在波のパターン $\phi_\mathrm{n}(\boldsymbol{r})$ の集まりであると言える．固有振動数 $\omega_\mathrm{n}$ は離散的であり，線スペクトルを形成する．

> **< Note 5 >** 固有値と固有関数（モード）

$L$ を微分演算子などからなる線形作用素とするとき，領域 $D$ 内で定義された方程式

$$L\phi = -\mu\phi$$

を満たす恒等的には零でない関数 $\phi$ と定数 $\mu$ を領域の固有関数及び固有値という。

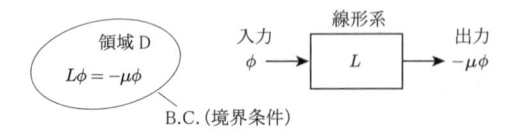

領域 D
$L\phi = -\mu\phi$

入力 $\phi$ → 線形系 $L$ → 出力 $-\mu\phi$

B.C.(境界条件)

固有関数とは線形変換（演算）$L$ に対し定数因子を除き不変な関数であり，系の自由度の数だけ存在する。例えば式 (3.2) において正弦波振動解

$$\phi(\boldsymbol{r}, t) = \phi(\boldsymbol{r}) e^{j\omega t}$$

を求めることにすれば

$$\Delta \phi(\boldsymbol{r}) = -\left(\frac{\omega}{c}\right)^2 \phi(\boldsymbol{r})$$

となり

$$L = \Delta = \frac{\partial^2}{\partial x^2} + \frac{\partial^2}{\partial y^2} + \frac{\partial^2}{\partial z^2}$$

$$\mu = \left(\frac{\omega}{c}\right)^2$$

であり，$\mu = (\omega/c)^2$ と $\phi(\boldsymbol{r})$ は固有値と固有関数を表す。領域の縁において何の束縛も課さなければ，任意の角周波数 $\omega$（固有値 $\mu$）の進行波（固有関数）$\phi(\boldsymbol{r}, \omega)$ が許容されるが，縁で束縛（境界条件）が課されると条件を満たす特別な固有関数の集合 $\phi_1(\boldsymbol{r}), \phi_2(\boldsymbol{r}), \cdots . \phi_n(\boldsymbol{r}), \cdots$ と対応する固有値の集合 $\mu_1, \mu_2, \cdots . \mu_n, \cdots$ $(\omega_1, \omega_2, \cdots . \omega_n, \cdots)$ のみが許容される。これが領域内に存在する波の構成要素（モード）であり，領域内の一般の波（自由振動）はこれらのモードの 1 次結合

$$\phi(\boldsymbol{r}, t) = \sum_n a_n \phi_n(\boldsymbol{r}) e^{j\omega_n t}$$

で表される。

一方，無限に広がった束縛のない自由空間では，全ての振動が許容され，固有振動数 $\omega$ は連続的に分布する．空間が束縛され，有限になることにより，許容される振動数も制限され（離散化され），波も進行波が相互に干渉しあい定在波へ移行する．

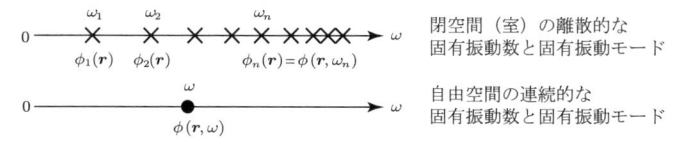

図 3.1 室及び自由空間の固有振動数（角周波数）と固有振動モード

## 3.1.4 外力（駆動源）有り／強制振動

外力（駆動源）がある場合の音場を強制振動という．通常，角周波数 $\Omega$ の定常的な外力により引き起こされる音源と同一の周波数 $\Omega$ の定常場をいう．従って

$$\phi(\boldsymbol{r},t) = \Phi(\boldsymbol{r},\Omega)e^{j\Omega t}$$

とおき，波動方程式（及び境界条件）を満たす $\Phi(\boldsymbol{r},\Omega)$ を求めることになる．

任意の周波数 $\Omega$ に対する定常解が得られれば，一般的な外力による強制振動（音場）は $\Omega$ に関する総和（積分）

$$\phi(\boldsymbol{r},t) = \frac{1}{2\pi}\int_{-\infty}^{\infty} \Phi(\boldsymbol{r},\Omega)e^{j\Omega t}d\Omega \tag{3.4}$$

で与えられる．

強制振動の具体的な姿（解）は，境界条件と外力に依存する．境界条件により，音場の構成要素（成分）が定まり，各成分の寄与は，外力に基づき決定される．

閉ざされた空間（室）では，損失が無ければエネルギーが蓄積され，音源の周波数が室の固有振動数に近づけば，大きな振動（共鳴）が起きる．一方，自由空間では，任意の周波数の波があらゆる方向に無限に伝搬し，定在波によるエネルギーの蓄積や共鳴現象は起きない．

## 3.2 要約と補足

1. 波動方程式を解くには，まず同次方程式 (3.2) を満たす解の集合を求める。境界条件により，集合の大きさと要素は異なり，束縛（境界条件）がきついほど集合は小さく，かつ離散化される。束縛のない自由空間では任意の周波数の波があらゆる方向に自由に伝搬できるが，閉ざされた室では固有振動数と固有モード（特別な方向に進む波と反射波との干渉による定在波）の集合のみが許容される。そして，系の自由振動は初期条件（$t=0$ における振動状態）を与えることで，以降の経過（各要素の寄与）が決定される。

2. 自由振動は外力を停止した（エネルギー源を絶った）状態での振動であるため，系の有する損失により次第に減衰，消滅する過渡的な振動（残響）である。一方，外力により強制的に系を駆動する場合には，エネルギーの供給が続く限り，振動は持続する。外力の角周波数を $\Omega$ とすれば，系も $\Omega$ で振動し続ける。そして $\Omega$ が閉ざされた室（系）の固有振動数 $\omega_n$ に近づくと，対応するモード $\phi_n(\boldsymbol{r})$ が大きく励振され，いわゆる共鳴が起きる。なお，波動方程式の一般解は，上述の強制振動（定常解）と自由振動（過渡解）の和で与えられる。

3. かくして一過性の自由振動を系の過渡応答，持続性の強制振動を定常応答ということがある。しかしながら，一般には外力もある時間内に限定され一過性である。このような外力に対しては，強制振動と自由振動が混在することになる。外力の作用する時間が短かければ自由振動が，長くなるにつれ強制振動が優勢になる。従って波動方程式（微分方程式）を解く場合には外力の処理の仕方により，次の方法が考えられる。

    (a) 外力を周波数成分に分解し，各周波数成分に対する定常解を求め，その結果を加算合成（積分）する。

    (b) 外力を微小なインパルス列に分解し，各パルスに対する過渡解（系の応答）を求め，その結果を合成する。

    これらの方法は，何れも波動方程式が線形であり，重ね合わせの原理が成り立つことを利用している。(a) では外力を周波数成分に，(b) では微小インパルス列に分解し，方程式の解を求め，得られた結果を重ね合わせることにより，外力に対する所望の解を得ている。

線形システムの理論によれば，(a) の方法は系の周波数応答（伝達関数）に基づき，また (b) の方法は系のインパルス応答に基づき，入力（外力）に対する系の出力（方程式の解）を得るものである。よく知られているように，系のインパルス応答と伝達関数はフーリエ変換で結ばれており，両者は 1 対 1 の関係にある。インパルス応答はグリーン関数とも呼ばれ，一般の入力（外力）に対する波動方程式の解（出力）は，外力とグリーン関数の合成積（たたみ込み積分）で与えられる。そして出力の周波数成分は，入力の周波数成分と伝達関数の積で表される。

4. 上述のように波動方程式は境界条件や初期条件，外力との係わりにおいて解かれる。外力は音源（振動の駆動源）であり，初期条件及び境界条件は時空の縁における束縛である。外力は時に境界条件に組み込まれることもある。例えば，物体の表面が振動し，音を空気中に放射している場合である。このように，時空の縁における条件（束縛）を満たし，音源の動作に適合した波を見出すことが，波動方程式を解くことの意味である。

5. フーリエ解析や，伝統的な振動論の立場に立てば，次のように考えることもできよう。弦や膜，棒，室などの振動系は一般に無数の単振動（固有振動）からなる。波動方程式の解は，初期条件や外力により系に固有なこれらの振動がどのように励起させるか，その寄与度を求めることで決定される。

6. 波動方程式と外力及び境界条件の係わりを表 3.1 に示す。

表 3.1 波動方程式／外力／境界条件

| | | 外　力 | |
|---|---|---|---|
| | | 無 | 有 |
| | | 同次方程式<br>自由振動<br>過渡解（初期条件） | 非同次方程式<br>強制振動<br>定常解　$\Omega$ →→→→→→→→<br>一般解（強制振動＋自由振動） |
| 境界条件 | 無 | 自由空間<br>連続固有値 $\omega$ と固有関数 $\phi(\boldsymbol{r},\omega)$<br>進行波 | |
| | 有 | 閉空間<br>離散固有値 $\omega_n$ と固有関数 $\phi_n(\boldsymbol{r})$ ←←←<br>（固有振動数と固有振動モード）<br>定在波 | |

（右側に「共鳴」を示す矢印）

# 第4章 物体の振動による音の放射

　物体が振動すると周囲に音が放射される。代表的な音源として球音源，面音源，線音源があり，個々別々に論じられることが多い。本章では，半径 $a$ の呼吸球からの音響放射について述べる。面音源及び点音源は呼吸球の特別の場合（半径 $a$ を無限大及び 0 とした極限）であり，また点音源を直線上に密に配列すれば線音源が得られることに留意し，これらの音源から放射される球面波，平面波及び円筒波相互の関連について概説する。そして双極子音源や円形ピストン音源を取り上げ，指向性のルーツについて考える。

## 4.1 球音源（呼吸球）

　図 4.1 のように球表面（半径 $a$）が同一の速度 $u_0 e^{j\omega t}$ で半径方向に振動している呼吸球からの音の放射を考える。角周波数 $\omega$ の定常音圧 $pe^{j\omega t}$ に関するヘルムホルツの方程式（Helmholtz equation）を図 4.2 の極座標 $(r, \theta, \varphi)$ を用いて表せば（<Note 6> 参照）

$$\frac{1}{r^2}\frac{\partial}{\partial r}\left(r^2\frac{\partial p}{\partial r}\right) + \frac{1}{r^2\sin\theta}\frac{\partial}{\partial \theta}\left(\sin\theta\frac{\partial p}{\partial \theta}\right) + \frac{1}{r^2\sin^2\theta}\frac{\partial^2 p}{\partial \varphi^2} + k^2 p = 0 \quad (4.1)$$

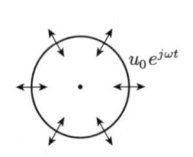

図 4.1　球音源（呼吸球）　　　　図 4.2　極座標系

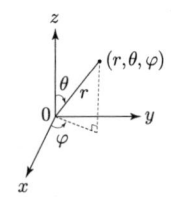

となる．ここに $k = \omega/c = 2\pi/\lambda$ は音の波数，$\lambda$ は波長である．

放射場は球対称であり，座標 $\theta, \varphi$ に無関係であることから

$$\frac{\partial p}{\partial \theta} = \frac{\partial p}{\partial \varphi} = 0$$

と置けば，式 (4.1) は

$$\frac{d^2}{dr^2}(rp) + k^2(rp) = 0 \tag{4.2}$$

のごとく簡略化され，一般解として

$$p = \frac{A}{r}e^{-jkr} + \frac{B}{r}e^{jkr} \tag{4.3}$$

を得る．右辺第 1 項は原点に中心を持つ呼吸球から遠ざかる発散波を，第 2 項は原点に収れんする波（音源に戻ってくる反射波）を表す．いま，$B = 0$ とおき，発散波のみを扱う（自由空間での放射場を取り扱う）ことにすれば，呼吸球の周りの放射音圧は

$$p = \frac{A}{r}e^{-jkr} \tag{4.4}$$

と表される．一方，粒子速度は音圧勾配から求められるが，上式から明らかなように半径方向の成分 $u_\mathrm{r} e^{j\omega t}$ のみを持ち媒質の密度を $\rho$ とすれば

$$u_\mathrm{r} = -\frac{1}{j\omega\rho}\frac{dp}{dr} = \frac{A}{\rho c}\left(1 + \frac{1}{jkr}\right)\frac{e^{-jkr}}{r} \tag{4.5}$$

で与えられる．そして未定係数 $A$ は呼吸球の表面における振動速度（境界条件）

$$u_\mathrm{r}|_{r=a} = u_0$$

から

$$A = \rho c a u_0 e^{jka}\frac{jka}{1+jka} \tag{4.6}$$

と決定される．従って式 (4.4)，式 (4.5) に代入することにより，放射音圧 $p$ 及び粒子速度 $u_\mathrm{r}$ は

$$p = \rho c a u_0 \frac{jka}{1+jka}\frac{1}{r}e^{-jk(r-a)} \tag{4.7}$$

$$u_{\rm r} = au_0 \frac{jka}{1+jka}\left(1+\frac{1}{jkr}\right)\frac{1}{r}e^{-jk(r-a)} \qquad (4.8)$$

となる．上記の音圧 $p$ 及び粒子速度 $u_{\rm r}$ は呼吸球の半径方向（$r$ 方向）に速度 $c$ で伝わる球面波を表す．また両者の比（比音響インピーダンス）は，

$$\frac{p}{u_{\rm r}} = \rho c \frac{jkr}{1+jkr} \simeq \rho c \qquad (kr \gg 1) \qquad (4.9)$$

となり，呼吸球から遠ざかるに従って遠距離場（$kr \gg 1$）では，一定値 $\rho c$ に近づく．

次に，特別な場合として，呼吸球の半径 $a$ を $a \to \infty$ または $a \to 0$ として得られる面音源及び点音源からの放射場について考える．

---

**< Note 6 >** 定常場に対するヘルムホルツの方程式

角周波数 $\omega$ の定常音圧 $p(\boldsymbol{r})e^{j\omega t}$ に対しては波動方程式 (2.26) は $\partial^2/\partial t^2 = (j\omega)^2 = -\omega^2$ とおくことにより

$$\left(\frac{\partial^2}{\partial x^2} + \frac{\partial^2}{\partial y^2} + \frac{\partial^2}{\partial z^2}\right)p(\boldsymbol{r}) + k^2 p(\boldsymbol{r}) = 0$$

と書かれる．ここに $k = \omega/c$ は波数である．上式はヘルムホルツの方程式 (Helmholtz equation) といわれ，定常場の解析の基礎となる．なおラプラスの演算子 (Laplace operator, Laplacian) は極座標 $(r, \theta, \varphi)$ に変換すれば

$$\begin{aligned}\Delta &= \frac{\partial^2}{\partial x^2} + \frac{\partial^2}{\partial y^2} + \frac{\partial^2}{\partial z^2} \\ &= \frac{1}{r^2}\frac{\partial}{\partial r}\left(r^2 \frac{\partial}{\partial r}\right) + \frac{1}{r^2 \sin\theta}\frac{\partial}{\partial \theta}\left(\sin\theta \frac{\partial}{\partial \theta}\right) + \frac{1}{r^2 \sin^2\theta}\frac{\partial^2}{\partial \varphi^2}\end{aligned}$$

と表される．

## 4.2 面音源 ($a \to \infty$)

　無限に広い剛壁の表面が速度 $u_0 e^{j\omega t}$ で振動する面音源は，前述の呼吸球の半径 $a$ を無限に大きくした極限に相当する（図 4.3）。従って $r = a + x$ とおけば，音圧及び粒子速度の式 (4.7) 及び式 (4.8) はそれぞれ

$$p = \frac{\rho c a u_0}{x+a} \frac{jka}{1+jka} e^{-jkx} = \rho c u_0 e^{-jkx} \quad (a \to \infty) \tag{4.10}$$

$$u_\mathrm{x} = \frac{a u_0}{x+a} \frac{jka}{1+jka} \left(1 + \frac{1}{jk(x+a)}\right) e^{-jkx} = u_0 e^{-jkx} \quad (a \to \infty) \tag{4.11}$$

となり，$x$ 軸方向に進む平面波を表す。そして $p$ と $u_\mathrm{x}$ の比は，場所や時間に依らない一定値

$$\frac{p}{u_\mathrm{x}} = \rho c \tag{4.12}$$

となる。この媒質に固有な密度と音速の積 $\rho c$ は媒質の特性インピーダンス（または，固有インピーダンス）と呼ばれ，音の伝搬に関わる様々な場面で重要な役割を演じる。

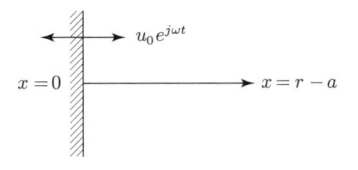

図 4.3　面音源 ($a \to \infty$)

## 4.3 点音源 ($a \to 0$)

　呼吸球の単位時間あたりの体積排除量（肺活量）

$$U_0 = 4\pi a^2 u_0 \tag{4.13}$$

を一定に保ちつつ，半径 $a$ を0に近づけた極限（点音源）を考える。$U_0$ を点音源の強さという。従って点音源の周りの音圧及び粒子速度は，式 (4.7), 式 (4.8) において $a \to 0$ とすればそれぞれ，

$$p = j\omega\rho \frac{U_0}{4\pi} \frac{e^{-jkr}}{r} \tag{4.14}$$

$$u_\mathrm{r} = jk\frac{U_0}{4\pi}\left(1 + \frac{1}{jkr}\right)\frac{e^{-jkr}}{r} \tag{4.15}$$

で与えられる。式 (4.14), 式 (4.15) は，点音源から放射される良く知られた無指向性の球面波であり，音圧は距離 $r$ に反比例し，また粒子速度も遠距離音場（$kr \gg 1$）では同じく $r$ に反比例して減衰する。また，両者の比は $\rho c$（媒質の特性インピーダンス）に近づくことが知られる。

## 4.4　線音源

同一の点音源を直線（$z$ 軸）上に密に配列して得られる線音源からの放射場について考える（図 4.4）。$z$ 軸からの距離 $x$ の位置における音圧は，強さ $U_0 dz$ の音源要素（$U_0$ は単位長あたりの強さ）による寄与（式 (4.14) 参照）

$$dp = j\omega\rho \frac{U_0 dz}{4\pi}\frac{e^{-jkr}}{r} \quad (r = \sqrt{x^2 + z^2})$$

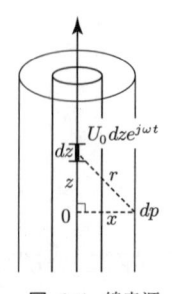

図 4.4　線音源

の和として

$$p = \int dp = j\omega\rho \frac{U_0}{4\pi} \int_{-\infty}^{\infty} \frac{e^{-jkr}}{r} dz = j\omega\rho \frac{U_0}{2\pi} \int_{0}^{\infty} \frac{e^{-jk\sqrt{x^2+z^2}}}{\sqrt{x^2+z^2}} dz \quad (4.16)$$

で与えられる．上式の積分は円柱関数の仲間である第2種ハンケル関数 $H_0^{(2)}(kx)$ を用いて表され（<Note 7> 参照），線音源による放射音圧は

$$p = \frac{\omega\rho U_0}{4} H_0^{(2)}(kx) \quad (4.17)$$

となる．また粒子速度は上式から明らかなごとく半径 $x$ 方向の成分のみを持ち

$$u_x = \frac{-1}{j\omega\rho} \frac{dp}{dx} = -jk\frac{U_0}{4} H_1^{(2)}(kx) \quad (4.18)$$

で与えられる．

音源から十分離れた遠距音場 ($kx \gg 1$) では，これらの式はそれぞれ

$$p \simeq \frac{\omega\rho U_0}{4} \sqrt{\frac{2}{\pi kx}} e^{-j(kx-\pi/4)} \quad (4.19)$$

$$u_x \simeq \frac{kU_0}{4} \sqrt{\frac{2}{\pi kx}} e^{-j(kx-\pi/4)} = p/\rho c \quad (4.20)$$

となり，距離 $x$ の 1/2 乗に反比例して減衰する円筒波を表す．また，両者の比は媒質の特性インピーダンス $\rho c$ に近づく．

以上の結果を要約すれば，点音源，線音源及び面音源からは，それぞれ，球面波，円筒波及び平面波が放射され，各々の波の振幅は音源からの距離の 1 乗，1/2 乗，0 乗に反比例して減衰することが知られる．そして遠距離場では球面波も円筒波も実質的に平面波と見なされる．

> **< Note 7 >** ハンケル関数について

円柱関数 $Z_n(x)$ の仲間に第 1 種及び第 2 種ハンケル関数（Hankel function）$H_n^{(1)}(x)$, $H_n^{(2)}(x)$, ベッセル関数（Bessel function）$J_n(x)$ やノイマン関数（Neumann function）$N_n(x)$ などがある。これらの関数の間には指数関数と $\cos, \sin$ に類似の関係

$$H_n^{(1)}(x) = J_n(x) + jN_n(x)$$
$$H_n^{(2)}(x) = J_n(x) - jN_n(x)$$

があり，ハンケル関数は進行波を，ベッセル関数及びノイマン関数は定在波を表すのに用いられる。ちなみにハンケル関数は $|x|$ が大きいとき

$$H_n^{(1)}(x) \sim \sqrt{\frac{2}{\pi x}} e^{j(x-(2n+1)\pi/4)}$$
$$H_n^{(2)}(x) \sim \sqrt{\frac{2}{\pi x}} e^{-j(x-(2n+1)\pi/4)}$$

なる漸近展開を有する。同様に

$$J_n(x) \sim \sqrt{\frac{2}{\pi x}} \cos(x - (2n+1)\pi/4)$$
$$N_n(x) \sim \sqrt{\frac{2}{\pi x}} \sin(x - (2n+1)\pi/4)$$

が成り立つ。また，円柱関数の微分に関するよく知られた漸化式

$$Z_n'(x) = nx^{-1}Z_n(x) - Z_{n+1}(x)$$

を用いれば

$$H_0^{(2)'}(x) = -H_1^{(2)}(x)$$

が得られる。

## 4.5 音源の指向性

　複数の波が重なり，強め合ったり，弱め合ったりする現象を干渉という。進行波と反射波の干渉により定在波が生ずることはよく知られている。点音源（波長に比し大きさが無視できる音源）は無指向性であり，あらゆる方向に一様に音を放射する。一方，大きさのある通常の音源は点音源の集まりと見なせる。各音源要素（点音源）から受音点までの距離が異なるため，それぞれの波（成分波）の到達時間に差が生じ，成分波間にいわゆる位相差が発生する。位相の異なる複数の波を合成する（重ね合わせる）と，相互に干渉し，方向や場所により強弱が発生する。大きさのある音源では，個々の成分波（点音源からの放射波）は無指向性であっても，それらが干渉することにより指向性が生ずる。

## 4.6 双極子音源

　最初に，単純ではあるが極めて明確に指向性が現れるケースを取り上げよう。同じ強さの正負（逆位相）の 2 つの点音源が近接（距離 $\ell$）して置かれているものとする。このような正負一対の音源を双極子という。図 4.5 のように座標をとり，遠距離 ($kr \gg 1$) における放射場を考える。

　正の音源による音圧を $p_+$，負の音源による音圧を $p_-$ とすれば，式 (4.14) から

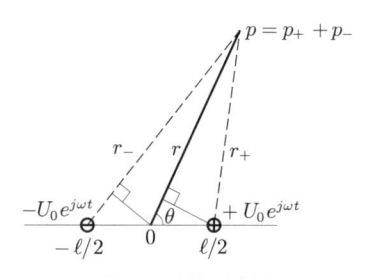

図 4.5 双極子音源

それぞれ

$$p_+ = j\omega\rho \frac{U_0}{4\pi} \frac{e^{-jkr_+}}{r_+} \simeq j\omega\rho \frac{U_0}{4\pi r} e^{-jk(r-\ell\cos\theta/2)} \tag{4.21}$$

$$p_- = -j\omega\rho \frac{U_0}{4\pi} \frac{e^{-jkr_-}}{r_-} \simeq -j\omega\rho \frac{U_0}{4\pi r} e^{-jk(r+\ell\cos\theta/2)} \tag{4.22}$$

となり，受音点 $(r,\theta)$ における音圧 $p$ は，両者の和として次式で与えられる．

$$\begin{aligned}p(r,\theta) &= p_+ + p_- \\ &\simeq j\omega\rho \frac{U_0}{4\pi r} e^{-jkr} \left( e^{jk\ell\cos\theta/2} - e^{-jk\ell\cos\theta/2} \right) \\ &= -2\omega\rho \frac{U_0}{4\pi r} e^{-jkr} \sin\left( \frac{k\ell\cos\theta}{2} \right) \end{aligned} \tag{4.23}$$

さらに，$k\ell \ll 1$ が成り立つ低周波数領域では，上式は

$$p(r,\theta) \simeq -k^2\rho c \frac{U_0 \ell}{4\pi r} \cos\theta e^{-jkr} = p(r,0)\cos\theta \tag{4.24}$$

となり，$\theta = 0°$ の方向を主軸（最大放射方向）とする図 4.6 のような 8 の字型の指向性 $D(\theta)$ を有する．

$$D(\theta) = \left| \frac{p(r,\theta)}{p(r,0)} \right| = |\cos\theta| \tag{4.25}$$

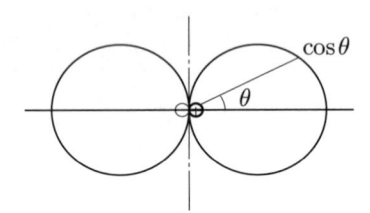

図 **4.6** 双極子音源の指向性

## 4.7 無限剛壁上の円形ピストン音源

無限大バッフル（剛壁）上の半径 $a$ の円板が速度 $u_0 e^{j\omega t}$ でピストン振動している場合の音響放射について考える．図 4.7 の配置から受音点及び音源要素の座

## 4.7. 無限剛壁上の円形ピストン音源

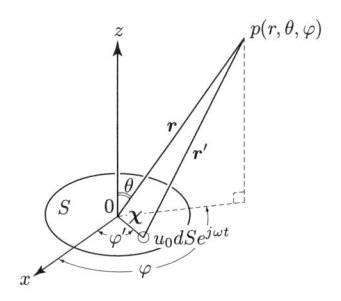

**図 4.7** ピストン円板からの音響放射

標は

$$\boldsymbol{r} = r(\sin\theta\cos\varphi, \sin\theta\sin\varphi, \cos\theta)$$
$$\boldsymbol{\chi} = \chi(\cos\varphi', \sin\varphi', 0)$$

従ってベクトル $\boldsymbol{r}$ と $\boldsymbol{\chi}$ のなす角度を $\psi$ とすれば

$$\cos\psi = \sin\theta\cos\varphi\cos\varphi' + \sin\theta\sin\varphi\sin\varphi' = \sin\theta\cos(\varphi'-\varphi)$$
$$r' \simeq r - \chi\cos\psi = r - \chi\sin\theta\cos(\varphi'-\varphi) \tag{4.26}$$

と表される。

音源要素 $u_0 dS e^{j\omega t}$ の放射音圧は式 (4.14) 及び式 (4.26) より

$$dp = 2j\omega\rho\frac{u_0 dS}{4\pi}\frac{e^{-jkr'}}{r'}$$
$$\simeq j\omega p\frac{u_0\chi d\chi d\varphi'}{2\pi r}e^{-jkr}e^{jk\chi\sin\theta\cos(\varphi'-\varphi)} \quad (kr \gg 1)$$

と書かれる。ただし剛壁が完全反射面であることを考慮し，因子2を乗じた。ピストン円板による音響放射は，円板上のこれら音源要素の寄与を加算することにより，遠距離音場（$kr \gg 1$）においては次式で与えられる。

$$p(r,\theta,\varphi) = \int_S dp \simeq j\omega\rho\frac{u_0}{2\pi r}e^{-jkr}\int_0^a \chi d\chi \int_0^{2\pi} e^{jk\chi\sin\theta\cos(\varphi'-\varphi)}d\varphi'$$
$$= j\omega\rho\frac{u_0}{2\pi r}e^{-jkr}\int_0^a J_0(k\chi\sin\theta)\chi d\chi$$
$$= j\omega\rho\frac{U_0}{2\pi r}e^{-jkr}\frac{2J_1(ka\sin\theta)}{ka\sin\theta} \tag{4.27}$$

ここに $J_0(k\chi\sin\theta), J_1(ka\sin\theta)$ は第 1 種ベッセル関数,$U_0 = \pi a^2 u_0$ はピストン音源の強さ(単位時間あたりの体積排除量)である.従って無限剛壁上の円形ピストン音源による指向性因子は,

$$D(\theta) = |p(r,\theta,\varphi)/p(r,0,\varphi)| = \left|\frac{2J_1(ka\sin\theta)}{ka\sin\theta}\right| \tag{4.28}$$

と表され,周波数パラメータ $ka$ ($= 2\pi a/\lambda$) と角度 $\theta$ に依存し

- 低周波数域 $ka \ll 1$(円板の半径 $a$ が波長 $\lambda$ に比し小さい)では無指向性
- 周波数が高くなり $ka$ が大きくなるにつれ,指向性が鋭くなり,$\theta = 0°$ 方向への放射が強くなる.円板が波長に比し十分大 ($ka \gg 1$) なる場合には,$\theta = 0°$ 方向に集中的に放射される.

要するに,音の波長に比してピストン音源の寸法が小さい低周波数域では点音源として,一方波長に比し十分大きい高周波数域では面音源としての放射特性を有することが分かる(図 4.8).このように,音源のサイズ(寸法)は波長との比較 ($ka = 2\pi a/\lambda$) によって測られる.

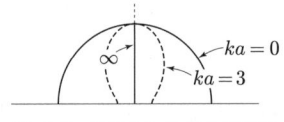

**図 4.8** ピストン円板の指向性

## 4.8 バッフル

無限大バッフル(剛壁)の効果について考えてみよう.ピストン板の前面と後面からは互いに逆位相(正負)で大きさの等しい音波が放射され,バッフル(仕切壁)が無い場合には,両者が干渉し,打ち消し合うことから音響出力は小さく抑えられる.図 4.9 に示すように低周波数域では前述の双極子放射と等価になる.

一方,バッフルは前面と後面の音波を分離し,両者の干渉を遮断するのみではなく,ピストン後方に放射される音波を反射し,同位相で前方へ折り返すことから,低周波数域では $2U_0$ の体積排除量を持つ音源と等価になる.事実

$$D(\theta) = 1 \quad (ka \to 0)$$

を代入すれば，式 (4.27) は

$$p = j\omega\rho \frac{U_0}{2\pi r} e^{-jkr}$$

となり，点音源の放射音圧（式 (4.14)）の 2 倍になる。

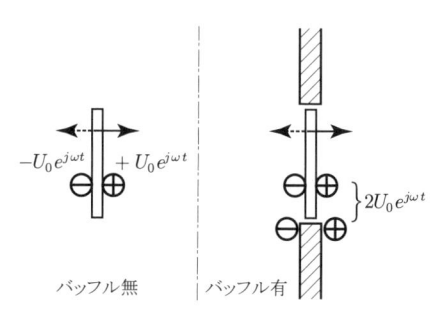

図 4.9　ピストン音源とバッフルの有無

## 4.9　音源の特性（まとめ）

　呼吸球からの音響放射を基に，面音源，点音源及び線音源からの音響放射について概説した。点音源からは球面波が，線音源からは円筒波が，面音源からは平面波が放射され，それぞれの波（音圧及び粒子速度）の大きさは音源からの距離の 1 乗，1/2 乗及び 0 乗に反比例する。従って，音圧と粒子速度の積で表される音の強さ（単位面積を単位時間に通過する音のエネルギー）は，点音源では距離の 2 乗に，線音源では距離の 1 乗に反比例するが，面音源では距離に依らず一定である。

　なお，線音源や面音源に限らず，通常の音源は点音源の集まりと見なされ，放射場は，点音源要素からの寄与の総和（重ね合わせ）で表される。個々の点音源要素は，無指向性であるが，各要素から受音点までの距離が異なるため，位相差（時間差）を生じ，合成の結果は，相互に干渉し，伝搬方向により放射場に強弱が現れ，音源は指向性を持つことになる。一般に周波数が高くなるにつれ（音源の寸法が波長に比し大きくなるにつれ）指向性は鋭く，かつ複雑になる。なお，音源の大きさ（サイズ）は音波の波長により測られる（決まる）ことに留意すべきである。

## 第4章　物体の振動による音の放射

### ＜ Note 8＞ 音源の大きさと指向性

　点音源，線音源，面音源の指向性は極めて特徴的であり，音源サイズとともに鋭くなる様を端的に物語っている。

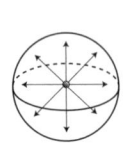

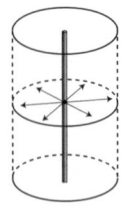

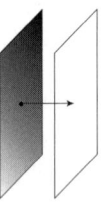

点音源　　　　　　線音源　　　　　　面音源

# 第5章 音と人の世界（アナロジー）

波の振舞い（波動現象）は一般に難解であると思われている。その理由は

- 波と物体，波と波との相互作用が複雑である
- それらの現象が不慣れな数式を用いて表現され近寄り難い

ことにある。だが，既に度々指摘したように，波と人間の振舞いには類似した点が多々ある。波を擬人化し，波の気持ちになって考えると，その振舞いがよりよく理解される。1章と幾分重複するところもあるが，このような視点から再度波の振舞いを眺めることにしよう。

## 5.1 音と擬人化

人は障害物に出会うと，回れ右（後戻り）をしたり，乗り越えたり回り込んだり，時には突き抜けることもある。前方が不案内（先行きが不透明）な場合には，直進することもあれば，進路を変更したり，引き返すこともある。また人と出会えば，互いに協力したり，足を引っ張ったり，無関心を装ったりする。音（波）の場合はどうであろうか。障害物に出会えば，反射したり，回折したり，透過したりする。前方の様子がこれまでと異なると（媒質が変化すれば），反射するものや屈折するものが出る。また，波（仲間）に出会えば，互いに強めあったり，弱めあったりすることもあれば，干渉しない場合もある。

このように人と音（波）とは極めて類似した振舞いをする。波と人の気持ちは互いに相通じるところがある。

## 5.2 音の速さ（伝搬速度）

音とは，媒質（気体，液体，固体）内のある部分に発生した歪みを周囲に転嫁し，解消して元に戻ろうとする営みである．歪みは媒質に固有の速度 $c$[m/s] で周囲に伝搬する．この伝搬速度 $c$ が音速である．表 5.1 に示すように，気体では圧力と密度により，弦や膜では張力と密度により，固体ではヤング率（Young's modulus，弾性係数）と密度により定まる．圧力や張力，剛性が大きく，密度の小さいもの，すなわち，軽くて固い緊張感のある媒質中ほど音は迅速に伝わる．だらっとしたものの中では音や振動はゆっくりとしか伝わらない．身軽で緊張していればこそ，"打てば響く" のである．

表 5.1 音（振動）の伝搬速度

| 音（振動） | 伝搬速度 $c$ | 備考 |
|---|---|---|
| 空気中の音 | $(\gamma P/\rho)^{1/2}$ | $P$:大気圧, $\rho$:空気の密度 |
|  |  | $\gamma$:比熱比 |
| 弦の振動 | $(T/\rho_t)^{1/2}$ | $T$:張力 |
| 膜の振動 | $(T/\rho_A)^{1/2}$ | $E$:ヤング率（弾性係数） |
| 棒の縦振動 | $(E/\rho)^{1/2}$ | $\rho_t$:弦の線密度, $\rho_A$:膜の面密度 |
| 棒の横振動 | $K_1(E/\rho)^{1/2}$ | $\rho$:棒, 板の密度 |
| 板の振動 | $K_2(E/\rho)^{1/2}$ | $K_1, K_2$:定数 |

## 5.3 音の周波数と波長

音（波）は様々な周波数からなる．周波数（振動数）は 1 秒間における波の繰り返しの回数であり，動き（時間的な変化）の速さを表し，耳には音の高低として敏感に捉えられる．一方，波長 $\lambda$[m] は波の空間的な広がりの尺度であり，波の背丈（寸法，図体）に相当し，周波数 $f$[Hz] との間に

$$\lambda f = c$$

なる関係があり，両者の積は一定値（音速 $c$[m/s]）に等しい．従って，周波数の高い波は波長が短く，周波数の低い波ほど波長が長い．即ち，図体（波長）の大きい波は動きが鈍く，図体の小さい波は動きが素早いことになる．ちなみに空気中（$c = 340$m/s）の可聴音（20Hz〜20kHz）に対する波長は，図 5.1 に示す通

り，17m～1.7cm であり，周囲の障害物とほぼ同程度の大きさである．音の振舞いを視覚的，物理的に捕らえるには，周波数よりも波長に着目した方が分かり易い．音（波）の振舞いが擬人的，直感的に親しみやすくなる．それに可聴音の波長が 1m 前後であるということは興味の持たれるところである．生き物が聞いたり，発する音は概ねその背丈と同程度の波長の音であるからである．

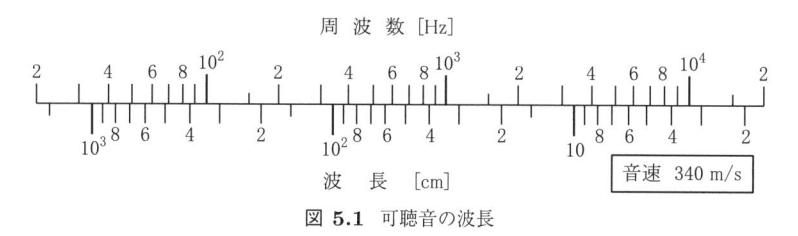

周波数 [Hz]

波長 [cm]

音速 340 m/s

図 **5.1** 可聴音の波長

## 5.4 音と障害物

　音（波）が伝搬途中で建物や塀などの障害物に出会ったとき，どのように振舞うかは相手（障害物）の背丈と波の背丈（波長）を基に考えると理解し易い．相手が固くて波長に比し十分大きければ波は大部分反射（回れ右）する．逆に波長に比し十分小さければ相手を乗り越え（素通りし）て行く．相手の背丈が自分（波）と同程度の時は，どうであろうか．引き返すものもあれば，乗り越えていくものもあり，反射と回折か拮抗し，波の振舞いは予測し難い．同程度のものが出会うと，問題はこじれ複雑となる．人間社会でもしばしば見受けられる光景である．

　なお，塀や壁を突き抜けるには，それ相応の覚悟と大きな犠牲（損失）を伴うことは言うまでもない．波の反射，回折及び透過と波長との係わりについてもう少し詳しく眺めてみよう．

> **&lt; Note 9&gt;** 塀に対する音波の振舞い
>
> 　塀に入射した音波は様々に振舞う。反射，回折，散乱，透過など。下図の（　）内にそれぞれ該当する語を記入しよう。

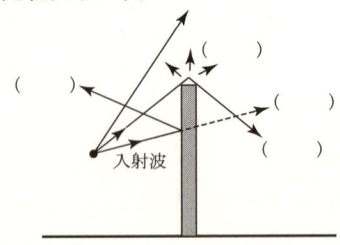

## 5.5　波長と物体表面の凹凸／正反射と乱反射

　波の背丈（波長）に比し，大きな固い物体にあたると，波の大半は反射する。反射には大別して，その方向が明確な正反射と無秩序な乱反射がある。滑らかな面では，正反射（法線に対し，入射波と左右対称な方向への反射）が，荒い面では乱反射（様々な方向への反射）が起こる。波にとって，表面が滑らかであるか否かは，面の凹凸の程度と波長との関係で定まる。凹凸が波長に比し無視されるような面は滑らかであり，起伏が大きく激しい面は，粗いということになる。従って同じ物体の表面でも，波長の長い低周波の波に対しては正反射をしても，波長の短い高周波の波に対しては，乱反射的になることが起こり得る。このことが，実際に端的に表れるのは，壁面等における音と光の反射である。通常の壁面では，音は正反射，光は乱反射することはよく知られている。可聴音に対しては滑らかな壁でも，波長の短い光に対しては起伏の激しい粗い凹凸そのものに見えるからである。

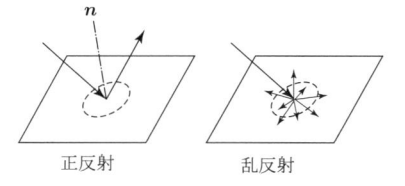

図 5.2 正反射と乱反射

> **< Note 10 >** ランベルトの法則（Lambert's law）
>
> 凹凸の激しい境界では無秩序な反射が起こり，入射波のエネルギーはあらゆる方向に均等に再放射される（拡散反射）。反射面の法線 $n$ との角度を $\theta$ とすれば，反射波の強度は $\cos\theta$ に比例する（ランベルトの法則）。

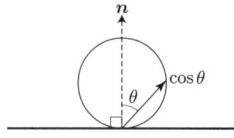

## 5.6 波長と物体の影

　光や音などの波が物体（障害物）の裏側に回り込む現象を回折という。光は物体の背後に明確な影を作るが，音はどうであろうか。物体（塀）背後でも音はかなりの程度聞こえる。特に低周波の音はよく聞こえる。波が物体の背後に回り込むのは，概ね波長の程度であることが知られている。光の波長は $1\mu m$ 以下（4000～8000Å）であるのに対し，音の波長は 1m 前後（1.7cm～17m）である。その結果，波が物体に入射した場合，光では背後にくっきりとした影ができるのに対し，音は光の影の領域にも深く侵入し聞こえるのである。

< **Note 11**> 塀による騒音対策（前川チャート）

　都市やその近郊における高速道路では騒音対策として塀が多く用いられている。これは塀による防音効果（音の回折減衰）に留意し，周辺地域への騒音影響を低減しようとするものである。塀による音の回折減衰を算定する実用的な方法が前川により提案されている。点音源からの音が塀のない場合に比し，どれだけ減衰するかを実測により求め簡便な図表に表わしたものである（前川チャート）。フレネル数（Fresnel number）$N$（迂回経路長 $\delta$ と半波長 $\lambda/2$ の比）に対する回折減衰量を示している。減衰量は迂回経路長と波長との比で決定される。図より，$N \simeq 2$（$\delta \simeq \lambda$），即ち塀による迂回経路長が波長程度になれば約 15dB の減音効果（音の強さにして 1/30）が得られる。フレネル数 $N$ は音や光の回折の程度を決する重要な量である。なお，図表において音源 S から観測点 P が見通せる場合，$N$ を負とする。

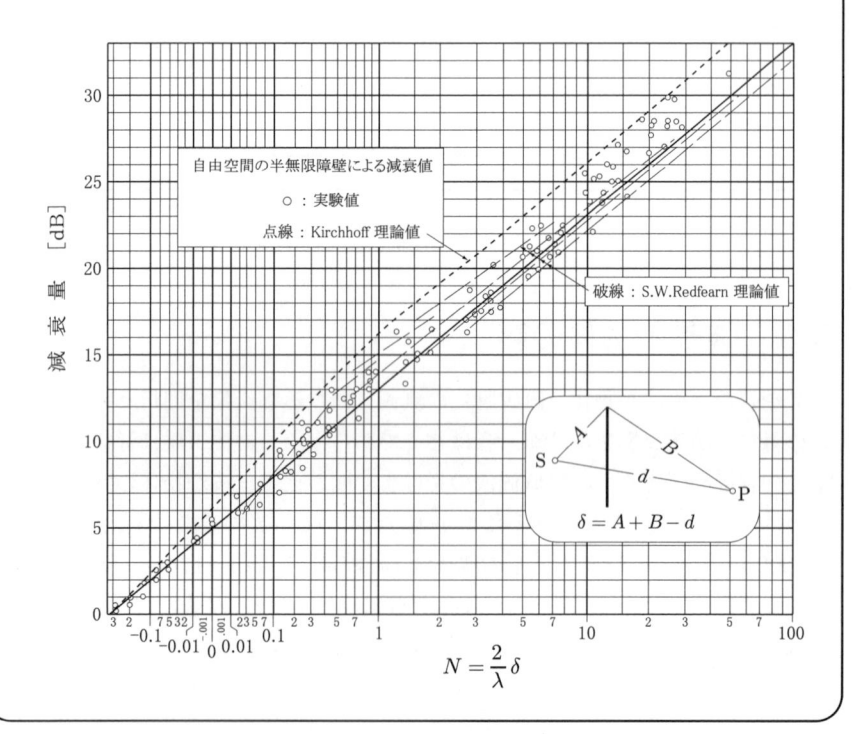

自由空間の半無限障壁による減衰値
○：実験値
点線：Kirchhoff 理論値
破線：S.W.Redfearn 理論値

$\delta = A + B - d$

$$N = \frac{2}{\lambda}\delta$$

## 5.7 壁と音

音の流れを遮り，断ち切ることを遮音という。壁には，遮音性能があるが，完全に音を遮るには剛でびくともしないことが必要である。

通常の壁は多少なりとも音を通す。遮音と透過は裏表一体（裏腹）の関係にある。透過率（入射音に対する透過音の割合）が小さい程，遮音性能が高いと言える。従って，遮音性能は，その透過率を知ることによって評価される。

## 5.8 壁に耳あり

壁に穴が無くても，音が通り抜けられるのは何故であろうか。それは，音が波（振動）だからである。音（空気の振動）が当ると壁に力が働き，極く微弱ではあるが，壁も振動し，裏面に音を放射する。壁の遮音能力は，以下で見るごとく壁の重さと，壁の厚み（波長に対する）が物を言う。

## 5.9 どっしり君とペカ子ちゃん

重くてどっしりした壁は，音をよく遮るが，軽くてペカペカした壁は音をよく通す。音が当っても，重いコンクリートはびくともしないが，軽いベニヤ板の壁は振動し易い。これを壁の質量則というが，遮音性能に係わるそのメカニズム（からくり）について考えてみよう。音が壁に入射した場合，壁に働く力とそれに伴う壁の運動（振動）は次のように記述される。

図 5.3 に示すように壁に入射する音圧を $p_1$，反射される音圧を $p_{1r}$ とすれば，通常の壁では $p_{1r}$ は $p_1$ とほぼ等しく，壁の表面には両者の和からなる圧力

$$p_1 + p_{1r} \simeq 2p_1$$

が作用する。従って，壁には，これに面積 $S$ を掛けた力

$$F = 2p_1 S$$

が働く。また壁の質量 $M$ は面密度（単位面積あたりの質量）を $m$ とすれば

$$M = mS$$

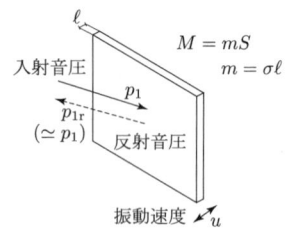

**図 5.3** 壁面への音の入射

で与えられる．これにより $u$ を壁の振動速度とすればニュートンの運動方程式は

$$M\frac{du}{dt} = F$$

即ち

$$m\frac{du}{dt} = 2p_1$$

と表される．従って，角周波数 $\omega$ の正弦波振動に対しては

$$j\omega m u = 2p_1 , \quad u = \frac{2p_1}{j\omega m} = \frac{p_1}{j\pi f m} \tag{5.1}$$

なる関係が得られ，壁の振動速度 $u$ は，面密度 $m$ 及び周波数 $f$ に反比例し，壁が重く，音の周波数が高いほど揺れが小さいことが分かる．

また，空気中の音速を $c$，波長を $\lambda$，壁の密度（$1\mathrm{m}^3$ あたりの質量）を $\sigma$，厚みを $\ell$ とすれば上式は

$$u = \frac{p_1}{j\pi c\sigma(\ell/\lambda)} \tag{5.2}$$

と表され，薄くて軽い壁ほど振動速度 $u$ が大きくなり，音が裏面から放射され易くなる．

## 5.10 壁の遮音性能（透過損失 $L_{\mathrm{TL}}$）

壁全体が速度 $u$ で振動すると，裏面からは平面波音圧

$$p_2 = \rho c u \tag{5.3}$$

## 5.10. 壁の遮音性能（透過損失 $L_{\mathrm{TL}}$）

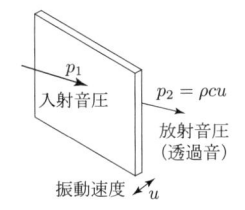

**図 5.4** 壁面からの音の放射

が放射される（図 5.4）。ここに $\rho c$ は空気の特性インピーダンス

$$\rho c \approx 400$$

である。入射音圧 $p_1$ により壁が振動し，裏面から音圧 $p_2$ が放射される。この $p_2$ が透過音であり，入射音圧 $p_1$ との比

$$\tau = \frac{p_2}{p_1}$$

を壁の音圧透過係数という。また $\tau$ の逆数

$$\frac{1}{\tau} = \frac{p_1}{p_2}$$

の対数

$$L_{\mathrm{TL}} = 20 \log_{10} \left| \frac{1}{\tau} \right| = 20 \log_{10} \left| \frac{p_1}{p_2} \right| \quad [\mathrm{dB}] \tag{5.4}$$

は，壁の透過損失（Transmission Loss）と呼ばれ，入射音圧が壁により減衰する程度（dB 値），即ち壁の遮音性能を示す。ちなみに透過音圧 $p_2$ の大きさが入射音圧 $p_1$ の 1/10 になれば 20dB，1/100 になれば 40dB の減音量（透過損失）となる。

上述の議論を踏まえ式 (5.1)，式 (5.3) より

$$p_2 = \rho c u = \frac{\rho c}{j\pi f m} p_1 = \frac{400}{j\pi f m} p_1$$

なる関係が得られることに留意すれば，壁の透過損失は

$$L_{\mathrm{TL}} = 20 \log_{10}(mf) - 42.5 \quad [\mathrm{dB}] \tag{5.5}$$

と表される。壁の質量（面密度 $m$）または周波数 $f$ が 2 倍になる毎に 6dB ずつ遮音性能が増すことを示している。壁の質量と遮音量に関するこの関係は質量則と呼ばれる。また，式 (5.2)，式 (5.3) 及び式 (5.4) より上式は

$$L_{\mathrm{TL}} = 20\log_{10}\sigma + 20\log_{10}(\ell/\lambda) + 8 \quad [\mathrm{dB}] \quad (5.6)$$

とも表され，波長に比し薄い壁（$\ell/\lambda \ll 1$）ほど透過損失 $L_{\mathrm{TL}}$ が低下し，遮音性能が劣化する（音が通り抜け易い）ことが分かる。

## 5.11 遮音と吸音

ここでは音のエネルギーの流れを基に，壁による吸音と遮音について考えてみよう。遮音とは，音のエネルギーの流れを弱める（断ち切る）ことである。図 5.5 に示すように壁に入射した音のエネルギーはまず表面で反射及び吸収される。吸収された音のエネルギーの一部は壁を通り抜け（透過し），裏面から放射される。従って，入射音のエネルギーを $I_{\mathrm{i}}$，反射音のエネルギーを $I_{\mathrm{r}}$，吸収される音のエネルギーを $I_{\mathrm{a}}$，透過音のエネルギーを $I_{\mathrm{t}}$ とすれば，次式が成り立つ。

$$I_{\mathrm{i}} = I_{\mathrm{r}} + I_{\mathrm{a}} \quad (5.7)$$

$$I_{\mathrm{a}} \geq I_{\mathrm{t}}$$

エネルギー的には，壁の透過係数（入射音に対する透過音の比）は

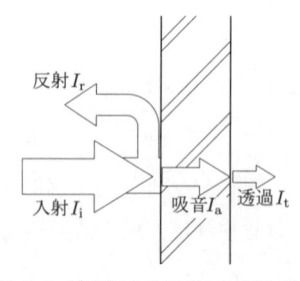

$$\frac{I_{\mathrm{t}}}{I_{\mathrm{i}}} = \frac{I_{\mathrm{t}}}{I_{\mathrm{r}} + I_{\mathrm{a}}} = \frac{I_{\mathrm{t}}/I_{\mathrm{a}}}{1 + I_{\mathrm{r}}/I_{\mathrm{a}}}$$

図 5.5 壁面における音の反射と透過

と表され，壁の遮音性能を高めるには

$$I_r/I_a \gg 1, \quad I_t/I_a \ll 1$$

即ち

$$I_r \gg I_a \gg I_t$$

が必要とされる。壁面が反射性であること，また侵入（吸音）した音のエネルギーは，壁内で消費（熱などに変換）されることが望まれる。表面で音を吸収したとしても外部（壁の裏面）に漏らさないことが肝要である。

　室の音響的性質は，主として遮音と吸音によって決まる。高い遮音性能を得るには，上述の議論から明らかなように，通常固い反射性の壁が用いられる。固い壁面で囲まれた室内は音がよく響く反面，音がこもり易く，話が聞き取りにくくなることもある。このような場合には，室表面（壁，天井，床）を適切に吸音処理し，室内の反射音を制御することが必要である。反射音の豊かなよく響く部屋は，音響的にライブな空間と呼ばれ，反射音が少なく乾いた感じの部屋はデッドであると言われる。使用目的によって，室に要求される響き具合は異なる。音楽にはライブな，スピーチ（講演等）には概してデッドな空間が適している。音楽はアナログ的であり，音が良くブレンドされること，音声はディジタルであり，一語一語明瞭に聞こえることが望まれるからである。

## 5.12　音響機器の特性

　音響機器の分野では，周波数特性という言葉が良く用いられる。音源（スピーカ）やマイクロホンの周波数特性や，ダクトやホーンの周波数特性など。音源から放射される音の性質や管内を伝搬する音の性質が，周波数と共に変化するからである。しかし，既に述べてきたように，機器の特性は周波数よりも波長を基に考えた方が理解しやすい。その特性は，主として機器の寸法と音の波長（背丈）との大小関係によって決まるからである。例えば，音源のサイズよりも小さい（波長の短い）波の放射は容易であるが，図体のデカイ波の放射は困難である。小さい（波長の短い）波は管内を自由に移動できるが，管径（断面周長）よりも波長

の大きい波の移動は難しい。これが，高周波の波（波長が短い波）が音源からの放射や管内の伝搬に有利な理由である。

また，音楽用のオーディオスピーカには低音域用，中高音域用のそれぞれサイズが異なる 2 つまたは 3 つの振動板が取り付けられているのは良く知られているところである。

## 5.13　管内の音波の伝搬（追記）

管内における音の伝搬の様子をもう少し詳しく述べよう。管内の波は，軸方向にのみ伝わることができる。断面方向には様々な定在波（モード）が形成される（図 5.6）。モードの種類によって軸方向への伝搬の様子が異なる。各モードは，それぞれ固有の遮断周波数 $f_c$ を持っている。$f_c$ 以下の周波数では，モードの伝搬は阻止される。何らかの原因により発生したモードでも $f_c$ 以下の周波数では急激に減衰し遠方へは届かない。複雑なモード（定在波のパターン）ほど $f_c$ は高いが，周波数が高くなる（波長が短くなる）につれ，多くのモードが伝搬できるようになる。音響管はいわゆる高域通過フィルタとして働き（波長の短い波ほど通し易い性質）を持っている。

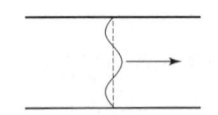

図 5.6　管内の音（定在波パターン）の伝搬

## 5.14　振動系と等価回路

**1.36** 及び **1.37** で述べたように，電気，機械，音響系の間には密接な対応関係（アナロジー）があり，それぞれ等価回路で表すことができ，相互に変換が可能である。回路表示の土台は，3 つの振動系が数学的には同一の方程式に従うことにある。実は，ここでも波長が重要な役割を果たしている。同一の方程式が成り立つには，各振動系のサイズがそれぞれ波長に比し十分小さいことが暗黙の了解事項（条件）となっている。例えば，マイクロホンなどの音響機器の解析や設計を

等価回路を用いて行う場合には，機器の寸法が音の波長に比し十分小さいことが前提になっているのである．

## 5.15　媒質の変化と音の伝搬

音は，媒質やその状態の変化に敏感である．媒質の様子が変化すると，屈折したり，反射したりする．変化がなければ直進する．音も人と同様，前方が不案内であれば，躊躇したり，進路を変更したり，後戻りする．安心して前進するには，媒質に変化が無いことが重要である．音にとっての媒質の様子は特性インピーダンス $\rho c$（媒質の密度 $\rho$ と音速 $c$ の積）で表される．$\rho c$ が一定であれば音はスムーズに伝搬するが，$\rho c$ が変化する媒質の境界では反射が起きる．垂直入射の場合の反射率 $r$（反射されるエネルギーの割合）及び透過率 $t$ はそれぞれ次式で表される．

$$r = \frac{(\rho_2 c_2 - \rho_1 c_1)^2}{(\rho_2 c_2 + \rho_1 c_1)^2} \tag{5.8}$$

$$t = 1 - r = \frac{4\rho_2 c_2 \rho_1 c_1}{(\rho_2 c_2 + \rho_1 c_1)^2} \tag{5.9}$$

例えば，空気（$\rho_1 c_1$）と水（$\rho_2 c_2$）の境界では $\rho c$ がおおよそ5000倍変化することから $r \approx 0.9992$ となり，入射する音のエネルギーの99.9%以上が反射され，水中に進入するエネルギーは0.1%にも満たない（図5.7）．

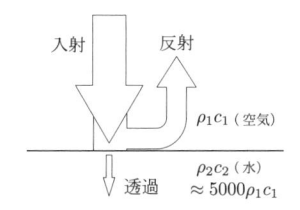

図 5.7　媒質の境界での音の反射と透過

## 5.16　音速の変化と屈折（音は冷たいのがお好き？）

音の波が今，縦一列に並んで速度 $c$ で右方へ進んでいるとしよう．この縦一列の同じ状態にある面（等位相面）を波面という．各点の速度が同じであれば，波

面は平行のまま移動する．もし位置により波の伝わる速度が違えばどうなるか．例えば，上方ほど $c$ が速くなる場合を考えよう．図 5.8 のように，波面は下方へ次第に傾くことになる．即ち，遅い方に足を引っ張られ，全体として下方に傾く．波面に垂直な方向が波の進む方向である．足並みが揃わないために進行方向が変化する現象が屈折である．

大気や海水中では高さ（深さ）方向で温度が異なるため，音の屈折が起こることはよく知られている．温度が高い程，媒質の圧力が上がり，密度が低下することから音速は速くなる．ちなみに空気では，温度 1°C 上昇すると音速は 0.6m/s 速くなる．従って音は気温の低い方へ，低い方へと折れ曲がっていくことになる．

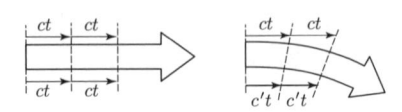

図 5.8 音速の変化による屈折

## 5.17 音の計測

音の測定にはマイクロホンが用いられる．マイクロホンは，音を電気信号に変換することにより音圧を容易に計測することができる．測定対象である音場を乱さないためには，使用するマイクロホンはできるだけ小さい（波長に比し十分小さい）ことが肝要であるが，小さいとそのぶん音に対する感度が低下する．適当な感度を有し音場を乱さないサイズのマイクロホンが望まれる．そのため，可聴音の計測には直径が通常 1cm 前後（1/2 インチ〜1/4 インチ）のマイクロホンが用いられる．なお，小型化によるマイクロホンの感度の低下は，電気信号を増幅することによって補われる．

## 5.18 放射し易きは？（熱し易きは？）

以上述べてきたことから，高い周波数と低い周波数の音の間には次の様な性質の違いがある．

波長が短い高い周波数の音は光と同様，指向性が鋭く直進するが，伝搬途中の障害物により，反射や散乱，吸収等の影響を受けやすい。塀による回折減衰や，壁による減音（遮音量）も大きく，また各種音響材料による吸音も容易である。

一方，波長の長い低周波数の音は放射効率は悪いが，一旦発生すると四方八方へ伝搬し，塀や壁などの障害物による減衰も小さく，そのうえ吸音もままならず遠くまで到達する。要するに，小柄な波は発生も容易であるが，その処理（対策）も比較的楽である。それに対し，図体の大きい波は発生させるのも，消すのもままならないのである。

## 5.19 干渉

音は伝搬途中で媒質が変化したり，障害物に出会うと，

- 後戻りしたり（反射）
- 進路を変更したり（屈折）
- 乗り越え回り込んだり（回折）

することを述べたが，音どうし（波と波）が出会ったらどのようなことが起きるのであろうか。最も波らしい現象と思われるのが干渉であるが，音と音とが出会ったときに起きるのが，この干渉である（図 5.9）。

干渉とは，相互に影響を及ぼし合うこと！互いに協力しあったり，足を引っ張り合ったり，人が出会った場合にも日常的に見られる現象である。干渉に特徴的なことは

- 似たもの同士の間で顕著に現れる。
- 互いに協力するには，呼吸が合う（息が合う，タイミングが合う）ことが大切である。

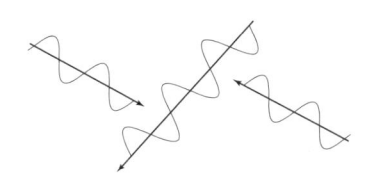

図 **5.9** 干渉

音（波）の世界で言えば干渉は

- 波長（周波数）が近いほど顕著に現れる。
- お互いの位相関係が重要である。

通常波の干渉は同一周波数（同じ波長）の波の間で起き，周波数が異なれば干渉しないとされているが，周波数の近い波の間にはうなりが生じることがあり，これもある種の干渉と見なされよう。

ともあれ，波が出会い，互いに強め合ったり，弱め合ったりする現象が干渉であり，干渉が明確に現れるのは

- 波の周波数（波長）が等しい
- 相互の位相関係がしっかりしており，揺らぎが無い

場合である。このように互いの位相関係が明確で強め合ったり，弱め合ったりする同一周波数の波はコヒーレント（干渉性）であるという。一方位相関係がデタラメ（無秩序）な波が重なり合っても，強弱のはっきりしたパターンは現れない。この場合，波はインコヒーレント（非干渉性）であるという。波の干渉にとっては，位相関係が極めて重要である。人間も相手のことを全く気にかけなければ，お互い干渉することなく独立に（勝手に）振舞うことになる。

## 5.20 位相（Phase）

波（正弦波）は，一定の周期でプラス，マイナスを繰り返す。1周期を単位として時間と共に連続的に変化し，プラスにもマイナスにもなる。1周期の内どの状態にあるかを示すのが位相である。正弦波のその時々の状態を示すのが瞬時位相である。図5.10の2つの正弦波の瞬時位相はそれぞれ $\omega t$ 及び $\omega t - \theta_0$ であり，$\theta_0$ だけ位相がズレている。$\omega t - \theta_0 = \omega(t - t_0)$ とかけることから，2つの波の位相差 $\theta_0$ は $t_0 (= \theta_0/\omega)$ の時間差に相当する。2つの波が重なり合ったとき，最も強くなるのは $\theta_0 = 0$ ($t_0 = 0$) の時であり，逆に $\theta_0 = \pi$ ($t_0 = \pi/\omega$) の時には減殺され，弱め合う結果となる。波どうしが出合ったとき，お互いに息が合う（呼吸が合う）場合には強調し強め合い，息が合わない（正反対）の場合には，互いに足を引っ張り合い弱め合うことになる。即ち $\theta_0$ は気合いの程度（どの程度息

$A\sin\omega t$  $A\sin(\omega t-\theta_0) = A\sin\omega(t-t_0)$
$\theta_0 = \omega t_0$
$t_0 = \theta_0/\omega$

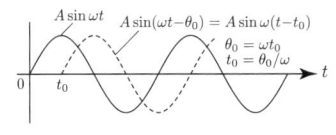

**図 5.10** 波の位相差 $\theta_0$（時間差 $t_0$）

が合っているか）を表している。$\theta_0 = 0$ ($t_0 = 0$) の状態を同期がとれている（2つの波のタイミングがとれている）という。

このような波の干渉は何も特別なものではない。物理的には重ね合わせ，数学的には単なる加算に過ぎないが，波には陰陽の両面（正の状態と負の状態）があり，重ね合わせのタイミングが結果に大きく影響する。

波と波が出合った場合の干渉には両者の位相関係が物を言うが，波が障害物と出合った場合の反射や回折，屈折，透過などの現象では入射波の位相は問題とならない。入射波と障害物の間には位相関係はないからである。

以下では，干渉によって生じる波らしい様々な現象，波の世界の一端を再度覗いてみよう。

## 5.21 音源の指向性

音源から放射される音は，その方向により強弱が異なる。この音源の指向性も既に述べたように各部からの経路差（位相差）が原因となっている。音源の各部（微小部分）から放射された波は方向により互いの位相関係が異なる。位相の揃った（息の合った）方向では，強め合い，チグハグな方向では弱め合う。即ち放射方向により各成分波の協調の度合いが異なり，強弱のパターンが生じる。これが音源の指向性と言われるものである。一般に高い周波数の波（音源に比し小さな波長の波）ほど干渉が激しく，指向性が鋭く，複雑になる。

## 5.22 波の世界（領域と環境）

波もその住む世界（領域と環境）により様々な影響を受ける。何の拘束もない広々とした空間（自由空間）にはありとあらゆる種類の波が生存できる。任意のサイズとリズム（波長／周波数／位相）を持った波が存在し得る。一方，束縛のき

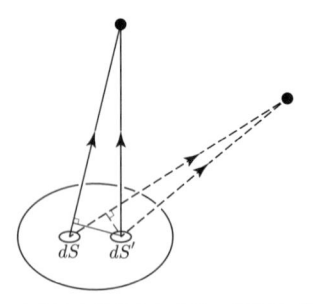

図 5.11 各部から放射される波の経路差（時間差）

つい狭い空間では図体の大きい（波長の長い）低周波の波は，居心地が悪く，生活するのが難しい．領域の広さや環境に合わせ波の姿，形は変化する．領域とその周囲に課せられた条件（境界条件）に適合した波のみが安泰であり，その世界の住民を構成する．この波の世界の住民が固有振動モードである．そして，各モードは共鳴周波数という固有の ID を持っている．自分の ID を呼ばれると元気に応答する．

領域と環境により，その世界に適合する住民（固有モード）が定まる．各ホールには，そのホールに適合した固有モードが住んでおり，波の世界を構成している．その波達（住民）を引き出し，いかに踊らせるかが演奏家の腕前である．

## 5.23　干渉と固有振動モード

自由空間では，あらゆる種類の波が許されるが，空間に束縛が課されると，これらの波は互いに協調し，姿，形を整える．干渉により束縛を満たすよう姿，形を調整し得た波（定在波，固有振動モード）のグループのみが生き残る．固有モードは干渉の賜物である．干渉とは，波が生き残る（領域と環境に適合する）ための知恵でもある．

## 5.24　固有振動数（共鳴周波数）

領域にぴったりはまり込んだ波は，居心地が良く元気に振舞うことができる．体を折り曲げ，領域にうまく適合するためには波の寸法（波長）が重要である．適

切な背丈の波だけがこの条件を満たす。波長 $\lambda_n$ に対応し，周波数

$$f_n = c/\lambda_n \quad (n = 1, 2, 3 \cdots) \tag{5.10}$$

が定まる。音波の姿（背丈）は見えないが，周波数は耳で聞くことができる。領域にうまく適合した固有振動モードは，各々に固有の周波数 $f_n$ で駆動されれば，元気よく大きな声で応答する。これが共鳴である。共鳴周波数 $f_n$ は音（振動）の伝搬速度 $c$ に比例し，波長 $\lambda_n$ に反比例する。従って固有振動モードの声の高さ $f_n$ は音速と領域のサイズに依存する。おおよそ

$$\lambda_n \propto \ell \quad \text{（領域の代表寸法）}$$

であることから，$f_n$ を高くするには

- 音速 $c$ を大きくする
- 領域のサイズ $\ell$ を小さくする

必要がある。

音速 $c$ を大きくするためには，前述のように，圧力や張力，剛性を高め媒質の密度を小さく（身軽で緊張した状態）にすればよい。そして，領域を狭め，緊張感を高めれば自然と共鳴周波数は高くなる（たとえとしては良くないが，締め上げ，圧迫すれば金切り声を発する）。

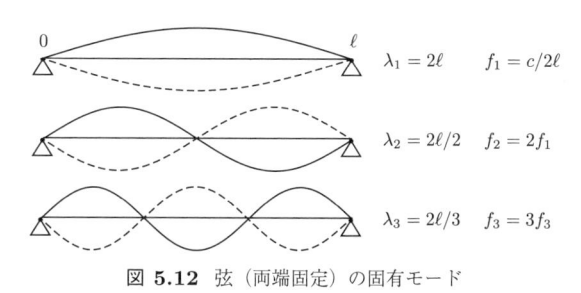

$\lambda_1 = 2\ell \quad f_1 = c/2\ell$

$\lambda_2 = 2\ell/2 \quad f_2 = 2f_1$

$\lambda_3 = 2\ell/3 \quad f_3 = 3f_3$

図 **5.12** 弦（両端固定）の固有モード

## 5.25 モードの腹と節

弦や膜，棒や板，室などの振動系には固有モード（定在波パターン）が存在する。定在波（モード）のピークとなる位置を腹，零となる所を節という。波の干

渉によって生じる定在波の振動振幅の極大値が腹，極小値が節である（図5.12）。腹は強く振動する部分（感度の良い場所）に，節は感度の鈍い場所に相当する。

## 5.26 好みの周波数でモードの腹を刺激する

上述のように振動系の固有振動モードには共鳴周波数と腹（感度の良い周波数と場所）がある．共鳴周波数でモードの腹を駆動すると，大きな振動が得られる．即ち，好みの周波数で腹を刺激する（くすぐる）ことが振動系を活気づける．従って，振動系のある一点を周波数 $f$ で駆動した場合，$f$ に近い共鳴周波数を持ち，かつ腹の位置が駆動点に近いモードほど強く（元気良く）励振される．

## 5.27 調和／平等／静寂（平和共存）

音（波）とは，ひずみの伝搬である．媒質の調和が破れ，ひずみが発生し，周囲に伝わっていく．波が無いということはひずみが無いこと，静かで調和のとれた状態をいう．しかし，あらゆる波（振動モード）が共存しても，平等に寄与しバランスが保たれていれば，干渉により消えてしまう．"我を通すもの" が無ければ平穏無事，静寂そのものである．波は干渉によって様々な姿を現すとともに，滅しもする．静寂とは，全ての音がほどよく調和し，バランスのとれた状態と言えよう．静寂も干渉の賜物なのである（1.28節参照）．

# 第6章 音を聞く

　音とは物理的には媒質（気体、液体、固体）粒子の振動であり、かつその振動が媒質中を伝わる現象である。一般には耳に聞えないものが多いが、日常的には耳に聞えるもの、特に空気中の可聴音を「音」という。本章では

- 移動音源の音の高さの変化（ドップラー効果）
- うなり（ビート）
- 超音波による可聴音の発生

のメカニズムと耳の係わり等について概説する。

## 6.1　移動音源を聞く（ドップラー効果）

　音源が近づいてくると音が大きくなり（直前でピークに達し），遠ざかりにつれ小さくなっていく。と同時に，音の高さ（周波数）も音源が近づくと時と遠ざかる時では変化する。近づく時は音源の周波数より高く，遠ざかる時は低く聞こえる。この現象はドップラー効果（Doppler effect）として知られており，音源の移動速度の測定等にも利用されている。

　ドップラー効果は次のように考えれば容易に理解される。今，図6.1に示すように音源（周波数 $f_0$[Hz]）が速度 $v$[m/s] で受音点（観測者）に近づきつつあるとする。音速を $c$[m/s]，受音点の周波数を $f$[Hz] とする。音源から受音点に向けて毎秒 $c-v$[m] の区間に $f_0$ 個の波が放射される。これに対し，毎秒受音点を通過する波の区間長 $c$[m] の中に含まれる波の個数（周波数）を $f$ とすれば次式が成り立つ。

$$\frac{c-v}{f_0} = \frac{c}{f} (= \lambda : 波長) \tag{6.1}$$

これより受音点で観測される周波数 $f$ は

$$f = \frac{c}{c-v}f_0 = \frac{1}{1-M}f_0 \tag{6.2}$$

と表される。ただし $M = v/c$ は音源の移動速度 $v$ と音速 $c$ の比，いわゆるマッハ数（Mach number）である。従って受音点では音源の周波数 $f_0$ の $1/(1-M)$ 倍の周波数が観測されることになり，$M$ が 1 に近づく（$v$ が $c$ に近づく）につれ，音源の周波数との差が拡大し，より高く聞こえる。

逆に音源が受音点から遠ざかる場合には

$$\frac{c+v}{f_0} = \frac{c}{f'}(= \lambda' : 波長) \tag{6.3}$$

従って

$$f' = \frac{c}{c+v}f_0 = \frac{1}{1+M}f_0 \tag{6.4}$$

となり，観測される周波数は音源の周波数 $f_0$ に比し $1/(1+M)$ のファクターだけ低くなる。

例えば，時速 100km/h で等速運動している音源（$M = 0.0817$）に対しては，観測される周波数の増減は約 8% と見積もられる。

周波数 1000Hz の音源が時速 100km/h で近づいてくる時には 1089Hz に，また遠ざかる時には 924Hz の音として知覚される。

なお，音源が静止していて，代わりに観測者が一定速度 $v$ で移動するとしても，上述の結果は同様に成り立つ。

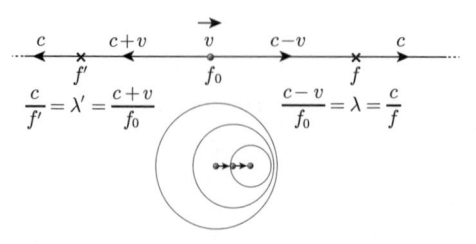

図 6.1　ドップラー効果

> **< Note 12>** 衝撃波 ($v > c$)
>
> 音源の移動速度 $v$ が音速 $c$ より大きい場合には，音は後方のみに伝わり，音源の背後に図のような三角形（円錐状）の波面を持つ衝撃波が発生する。

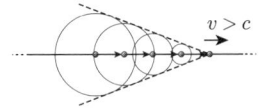

## 6.2 うなりを聞く

周波数の近い 2 つの純音（可聴音）か遭遇し，コラボレートした結果はうなり（ビート）として知覚される。このメカニズムは人の聴覚とも深く係わりあっている。

周波数 $f_1, f_2$ が近い 2 つの正弦波 $\cos(2\pi f_1 t)$ と $\cos(2\pi f_2 t)$ が出会う（足し合わされる）と

$$\cos(2\pi f_1 t) + \cos(2\pi f_2 t) = 2\cos(\pi \Delta f t)\cos(2\pi f_0 t) \tag{6.5}$$

$$\Delta f = f_2 - f_1 \tag{6.6}$$

$$f_0 = \frac{f_1 + f_2}{2} \tag{6.7}$$

振幅 $|2\cos(\pi \Delta f t)|$ が時間とともにゆっくり変化する周波数 $f_0$ の波が得られる。振幅が元の 2 つの波の周波数差 $\Delta f(= f_2 - f_1)$ でゆっくり周期的に変化する。このような現象はうなり（ビート）と言われ，耳で知覚することができる。しかし，周波数差 $\Delta f$ が大きくなるとうなりが感じられなくなる。$f_2$ と $f_1$ が近く，耳の同じ臨界帯域内にある場合には，2 つの音が耳で一括処理されるのに対し，周波

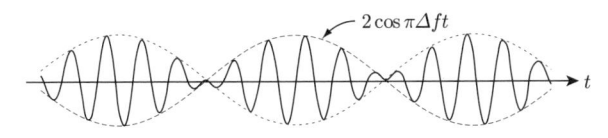

図 6.2 2 つの純音によるうなりの波形

数がある程度離れると，別々に分離して処理されるためと考えられる。うなりが明確に知覚されるためには，加算（合成）される2つの周波数の音波

$$a_1 \cos(2\pi f_1 t) + a_2 \cos(2\pi f_2 t) \tag{6.8}$$

が以下の条件を満たすことが必要である。

1) $f_1$ と $f_2$ が可聴周波数内（20Hz〜20kHz）にある
2) $\Delta f = f_2 - f_1$ が小さい（$f_1$ と $f_2$ が同じ臨界帯域内にある）
3) $a_1/a_2 \sim 1$

---

**< Note 13 >** 臨界帯域

　人間の聴覚機構には等価的なバンドパスフィルタ群が存在することが想定される。臨界帯域はフィルタ群を構成する各フィルタの通過帯域をいう。異なる帯域に属する周波数はそれぞれ別々のフィルタで処理される。うなりが知覚されるためには2つの純音が同一の臨界帯域内にあることが必要であり，実験では逆にうなりを手掛かりにして臨界帯域が求められる。

　下図は臨界帯域幅と周波数 $f$ との関係を示したものである。500Hz以下ではほぼ100Hzで一定であるが，500Hzを超えるとおよそ $0.2f$ の関係で増加している。この臨界帯域幅が増加傾向を示す領域では，その値が騒音の周波数分析などによく使われる1/3オクターブバンドの幅（$\simeq 0.23f$）に近いことがわかる。

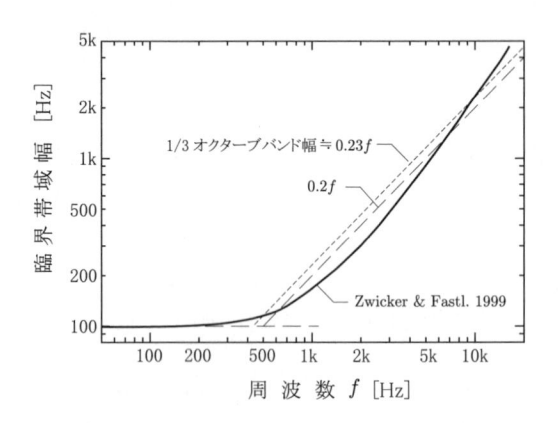

## 6.3 超音波を聞く

うなり（ビート）は数式上は（視覚的には）AM 波の一種である。うなりと通常の AM 波との類似点や相違点，AM 音波を用いて超音波を聞く方法等について述べる。

### 6.3.1 AM 電波（振幅変調波）

正弦波の振幅が時間とともに変化する波を一般に AM 波（振幅変調波）という。ビート（うなり）波形はこのような AM 波の特別な場合である。以下では電波と音波の AM 波について考えてみよう。

通常 AM 波といえば，ラジオの AM 放送を意味する。高周波数の電波（搬送波）

$$A\cos(2\pi Ft)$$

の振幅にオーディオ信号（音声や音楽など可聴音をマイクロホンにより電気信号に変換した波形）である $s(t)$ を乗せた信号

$$\begin{aligned}\varphi_{\mathrm{AM}}(t) &= \{A + a\,s(t)\}\cos(2\pi Ft) \\ &= A\{1 + m\,s(t)\}\cos(2\pi Ft) \quad (m = a/A)\end{aligned} \quad (6.9)$$

をいう。今，簡単のため，オーディオ信号 $s(t)$ を周波数 $f_{\mathrm{s}}[\mathrm{Hz}]$ の正弦波

$$s(t) = \cos(2\pi f_{\mathrm{s}} t) \quad (f_{\mathrm{s}} \ll F)$$

とすれば AM 波は

$$\begin{aligned}\varphi_{\mathrm{AM}}(t) &= A\{1 + m\cos(2\pi f_{\mathrm{s}} t)\}\cos(2\pi Ft) \\ &= A\cos(2\pi Ft) + \frac{mA}{2}\cos\{2\pi(F - f_{\mathrm{s}})t\} + \frac{mA}{2}\cos\{2\pi(F + f_{\mathrm{s}})t\} \\ &\quad \text{(搬送波)} \qquad\qquad \text{(下側波)} \qquad\qquad\qquad \text{(上側波)} \end{aligned} \quad (6.10)$$

となり，周波数 $F$ の搬送波の他に，周波数 $F - f_{\mathrm{s}}$ の下側波及び $F + f_{\mathrm{s}}$ の上側波よりなる。

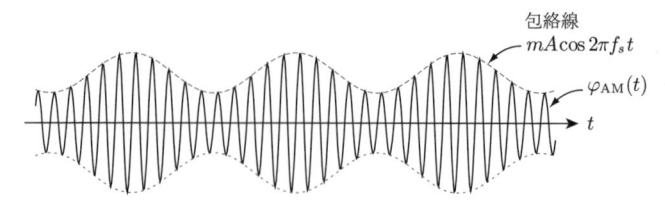

図 6.3　AM 波：搬送波（高周波）の振幅にオーディオ信号（低周波）を乗せる

オーディオ信号 $s(t)$ に関する情報は AM 波 $\varphi_{\mathrm{AM}}(t)$ の包絡線及び両側波（上側波と下側波）に含まれており，それらを処理することにより得られる．AM 波からオーディオ信号を取り出し復元することを検波または復調という．この検波には，

- 包絡線検波
- 2 乗検波
- 同期検波

などがある．

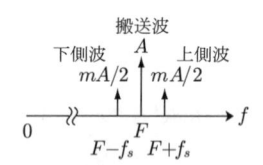

図 6.4　AM 波の周波数スペクトル

― < **Note 14**> AM 波を聞くには ―――――――――――――――――

ラジオ等で受信された AM 波は高周波（通常 1000kHz 程度）であるため，そのままでは音として聞くことができない．オーディオ信号は図 6.4 に示す上側波及び下側波に含まれており，それを取り出し（検波し）スピーカを駆動することで音を再生している．

## AMラジオ（包絡線検波）

通常，ラジオ（受信機）では電波を捉え，AM波 $\varphi_{\mathrm{AM}}(t)$ の包絡線（図 6.3）をダイオードと抵抗及びコンデンサからなる簡単な回路を通し，オーディオ信号 $s(t)$ を取り出し，スピーカを鳴らしている。

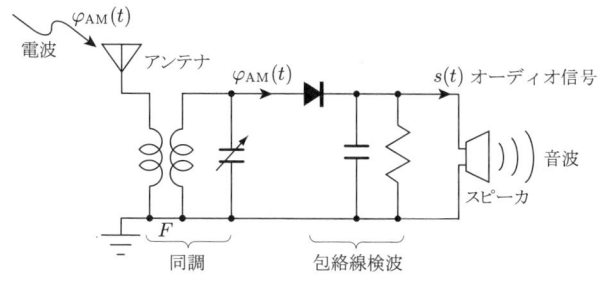

**図 6.5** AM ラジオの概念図

## 2 乗検波

2 乗検波では受信した AM 波 $\varphi_{\mathrm{AM}}(t)$ を 2 乗回路と低域フィルタ LPF を介し，スピーカに導くものである。これにより

$$\begin{aligned}
\varphi_{\mathrm{AM}}^2(t) &= A^2\{1+m\cos(2\pi f_\mathrm{s} t)\}^2 \cos^2(2\pi F t) \\
&= \frac{A^2}{2}\{1+2m\cos(2\pi f_\mathrm{s} t)+m^2\cos^2(2\pi f_\mathrm{s} t)\}\{1+\cos(4\pi F t)\} \\
&\simeq \frac{A^2}{2}\{1+2m\cos(2\pi f_\mathrm{s} t)\}\{1+\cos(4\pi F t)\} \quad (m^2 \ll 1) \\
&= \frac{A^2}{2} + mA^2\cos(2\pi f_\mathrm{s} t) + \frac{A^2}{2}\cos\{2\pi(2F)t\} \\
&\quad + \frac{mA^2}{2}\cos\{2\pi(2F-f_\mathrm{s})t\} + \frac{mA^2}{2}\cos\{2\pi(2F+f_\mathrm{s})t\} \quad (6.11)
\end{aligned}$$

に含まれる低周波成分（オーディオ信号）$mA^2\cos(2\pi f_\mathrm{s} t)$ が検出され，スピーカから音が放射される。

84　第6章　音を聞く

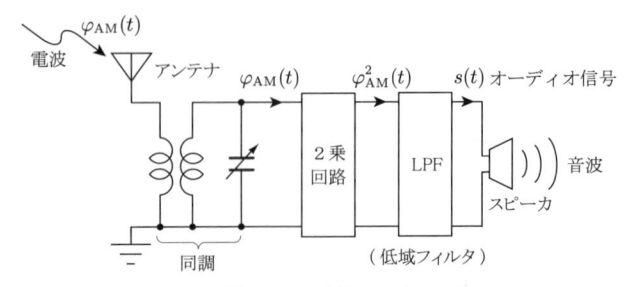

図 6.6　2乗検波回路

┌─ **< Note 15>** 同調と共鳴（共振） ─────────────────┐

　図 6.5〜図 6.7 の受信機には飛来する電波をキャッチするチューナー（同調回路）が付いている。チューナーは本質的には共振回路と同じであるが，両者には以下のような考え方の違いがある。

　共鳴とは外力の角周波数 $\Omega$ が系（システム）の固有角周波数 $\omega_0$ に近づき一致したとき系が示す応答である。一方，同調とはシステム（ラジオやＴＶ等の受信機）の固有角周波数 $\omega_0$ をコントロールして外力（放送局の電波）の角周波数 $\Omega$ に合わせることをいう。

　共鳴は外力の，同調はシステムの周波数を制御することにより系の大きなレスポンスを得る。

└──────────────────────────────────┘


### 同期検波

　同期検波では AM 波 $\varphi_{\mathrm{AM}}(t)$ に搬送波と同じ周波数，同じ位相の高周波 $\cos(2\pi F t)$ を乗じ，低域フィルタ LPF を介し，スピーカに導かれる。これより

$$\begin{aligned}
\varphi_{\mathrm{AM}}(t)\cos(2\pi F t) &= A\{1 + m\cos(2\pi f_\mathrm{s} t)\}\cos^2(2\pi F t) \\
&= \frac{A}{2} + \frac{mA}{2}\cos(2\pi f_\mathrm{s} t) + \frac{A}{2}\cos\{2\pi(2F)t\} \\
&\quad + \frac{mA}{2}\cos\{2\pi(2F - f_\mathrm{s})t\} + \frac{mA}{2}\cos\{2\pi(2F + f_\mathrm{s})t\}
\end{aligned}$$
(6.12)

に含まれるオーディオ信号 $(mA/2)\cos(2\pi f_\mathrm{s} t)$ が検出され，スピーカから音として放射される。

このように AM ラジオでは高周波の電波が搬んできたオーディオ信号（低周波の電気信号 $s(t)$）を取り出し，スピーカを鳴らしている．

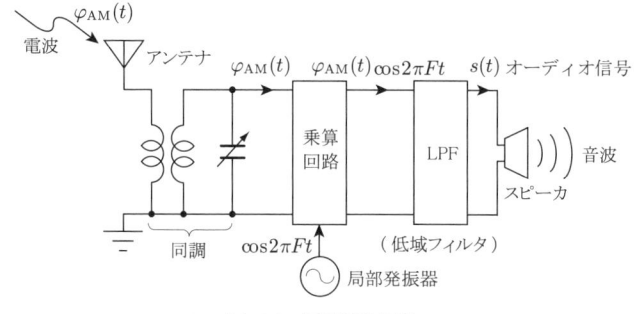

**図 6.7** 同期検波回路

## 6.3.2 AM 音波

次に音波の AM 波形について考える．高周波数 $F$ の音波（超音波）の振幅にオーディオ信号（可聴周波数 $f_s$ の波）を乗せ，空気や水などの媒質中に放射するものとしよう．超音波（搬送波）の振幅が大きいと不思議なことが起こる．音波についても AM 波は

$$\varphi_{\mathrm{AM}}(t) = A\{1 + m\cos(2\pi f_s t)\}\cos(2\pi F t) \tag{6.13}$$

と書かれるが空気（媒質中）を伝搬する音波 $\varphi_{\mathrm{AM}}(t)$ は空気の非線形性により伝搬経路に沿って 2 乗，3 乗，… に比例する音を発生する．

従って空気中の音波は正確には

$$\varphi_{\mathrm{AM}}(t) + K_2\varphi_{\mathrm{AM}}^2(t) + K_3\varphi_{\mathrm{AM}}^3(t) + \cdots$$

と表される．

通常は $\varphi_{\mathrm{AM}}(t)$ が微弱であるため，非線形項（2 乗以上の項）は無視される．しかし $\varphi_{\mathrm{AM}}(t)$ の振幅 $A$ が大きくなると（有限振幅音波と呼ばれる），2 乗の項を無

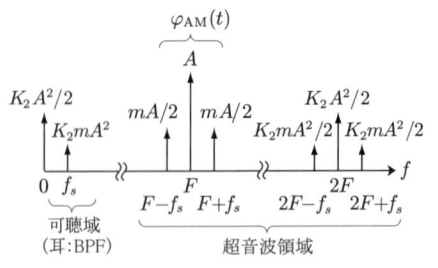

図 6.8 $\varphi_{\mathrm{AM}}(t) + K_2\varphi_{\mathrm{AM}}^2(t)$ のスペクトル

視し得なくなる．その結果，空気中の音は

$$\varphi_{\mathrm{AM}}(t) + K_2\varphi_{\mathrm{AM}}^2(t) = A\{1 + m\cos(2\pi f_{\mathrm{s}}t)\}\cos(2\pi Ft)$$
$$+ K_2A^2\{1 + m\cos(2\pi f_{\mathrm{s}}t)\}^2\cos^2(2\pi Ft)$$
$$\simeq \frac{K_2A^2}{2} + K_2mA^2\cos(2\pi f_{\mathrm{s}}t) + \frac{mA}{2}\cos\{2\pi(F - f_{\mathrm{s}})t\}$$
$$+ A\cos(2\pi Ft) + \frac{mA}{2}\cos\{2\pi(F + f_{\mathrm{s}})t\}$$
$$+ \frac{K_2mA^2}{2}\cos\{2\pi(2F - f_{\mathrm{s}})t\} + \frac{K_2A^2}{2}\cos\{2\pi(2F)t\}$$
$$+ \frac{K_2mA^2}{2}\cos\{2\pi(2F + f_{\mathrm{s}})t\} \tag{6.14}$$

と表される（図6.8）．

耳はオーディオ周波数（20Hz～20kHz）の範囲の音のみを聞くことができる，即ち帯域フィルタBPFとして機能する．聴覚のこのフィルタ作用により超音波である $\varphi_{\mathrm{AM}}(t)$ は聞こえないが，その2乗である $\varphi_{\mathrm{AM}}^2(t)$ の中に含まれるオーディオ成分（上式の）$K_2mA^2\cos(2\pi f_{\mathrm{s}}t)$ を聞くことができる．つまり，空気（媒質）と耳によってAM音波 $\varphi_{\mathrm{AM}}(t)$ の2乗検波（復調）が行われるのである．

上記の可聴音は元の超音波と同様に鋭い指向性を有するため注目を集めている．通常のオーディオスピーカ（音源）とは異なり，可聴音を特定の方向に集中して送ることができるからである．また，放射された高周波音（超音波成分）は空気吸収により音源近くで急激に減衰するのに対して，2次的に発生した鋭い指向性を持つ可聴音は遠方にまで達する．

## 6.3.3　超音波による差音の発生と受聴

媒質（空気や水など）の非線形性に由来する他の興味ある現象として周波数 $f_1, f_2$ の2つの超音波を用い，差周波数 $\Delta f = f_2 - f_1$ の音を発生できる。

有限振幅の2つの超音波を同時に（重ねて）放射すれば

$$\varphi(t) = A_1 \cos(2\pi f_1 t) + A_2 \cos(2\pi f_2 t) \tag{6.15}$$

の他にも媒質の非線形性により $\varphi(t)$ の2乗に比例する項

$$K\varphi^2(t) = K\{A_1 \cos(2\pi f_1 t) + A_2 \cos(2\pi f_2 t)\}^2$$
$$= \frac{K(A_1^2 + A_2^2)}{2} + KA_1 A_2 \cos\{2\pi(f_2 - f_1)t\}$$
$$+ \frac{KA_1^2}{2} \cos\{2\pi(2f_1)t\} + KA_1 A_2 \cos\{2\pi(f_2 + f_1)t\}$$
$$+ \frac{KA_2^2}{2} \cos\{2\pi(2f_2)t\} \tag{6.16}$$

が発生し，その影響が現れる。上式から明らかなように，この2乗の項には差周波数 $\Delta f = f_2 - f_1$ の音が含まれる。今，仮に $\Delta f = 1[\text{kHz}]$ とすれば，耳で聞くことができるが，他の音（直流分及び超音波成分 $f_1, f_2, 2f_1, f_1+f_2, 2f_2$）は聞こえない。もちろん $\Delta f$ が可聴域（20Hz〜20kHz）になければ，差周波数音も聞こえない。

なお，前述の AM 音波 $\varphi_\text{AM}(t)$ は3つの周波数 $F - f_\text{s}, F$ 及び $F + f_\text{s}$ の超音波を重ね合わせたものであることは容易に知れよう。

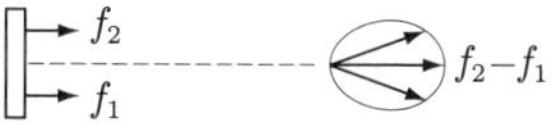

図 **6.9**　差周波数音の発生（有限振幅超音波が通過した跡に2次音源の配列が生じる）

## 6.3.4　うなりと AM 超音波

可聴音のうなりと AM 音波（超音波）は波形として眺めれば，正弦波の振幅（波形の包絡）が共に時間的に変化する点では一致している。

しかし

(1) 可聴音のうなり（ビート）は波形の時間変化を耳で丸ごと知覚しているのであり，包絡（差周波数音）を聞いているのではない。
(2) 超音波（AM 波）自体は耳に聞こえないが，その包絡（オーディオ信号からなる振幅の時間変化）を空気の非線形性（2 乗検波機能）により聞くことができる。

いずれにせよ，耳に知覚されるのは波形に含まれるオーディオ周波数成分である。

### 6.3.5　空気中の電波と音波

通信の視点から空気中における AM 電波と AM 音波を比較すると

(1) 高周波の電波は大容量の情報（信号）を瞬時に遠方まで運ぶことができる。
(2) 超音波（高周波の音）は波長が短く伝搬損失が大きいことから，信号を遠方へ運ぶには適さない。
(3) 音波は振幅が大きくなると媒質の非線形効果が顕著になり，空気自体が検波機能を持つ。

このように空気中（真空を含め）の遠距離通信においては電波が圧倒的に有利であるのに対し，水中や固体中では音波の方が伝わりやすく有利であることもよく知られている。

# 第7章 1次元音場の解析と表示

3章の議論を踏まえ，波動方程式を実際に解いてみよう。3次元空間でも1次元空間でも本質的な差異はない。本章では，記述を簡素にし，見通しをよくするために，1次元の波動方程式（音波の方程式）を取り上げ，外力（駆動源，音源）の有無，境界条件（束縛）の有無により，以下に示す自由空間や閉空間（室）における自由振動や強制振動について考える。

1. 外力無し／束縛無し　（自由振動／自由空間）
2. 外力無し／束縛有り　（自由振動／閉空間）
3. 定常駆動／束縛無し　（角周波数 $\Omega$ の強制振動／自由空間）
4. 定常駆動／束縛有り　（角周波数 $\Omega$ の強制振動／閉空間）
5. 一般の外力／束縛無し
6. 一般の外力／束縛有り

## 7.1　外力無し：自由振動

外力のない同次方程式

$$\frac{\partial^2}{\partial x^2}\phi(x,t) - \frac{1}{c^2}\frac{\partial^2}{\partial t^2}\phi(x,t) = 0 \tag{7.1}$$

を解くことから始める。ここに $\phi(x,t)$ は速度ポテンシャルを表すものとする。いろいろな方法で解くことができるが，例えば良く知られた変数分離法を適用し

$$\phi(x,t) = X(x)T(t) \tag{7.2}$$

とおき，式 (7.1) に代入すれば関数 $X(x)$ 及び $T(t)$ の常微分方程式

$$\frac{c^2 X''}{X} = \frac{T''}{T} = 定数 \equiv -\omega^2 \tag{7.3}$$

に変換され，解として

$$T(t) = A_1(\omega)e^{j\omega t} + A_2(\omega)e^{-j\omega t}$$
$$X(x) = B_1(\omega)e^{j(\omega/c)x} + B_2(\omega)e^{-j(\omega/c)x}$$

即ち

$$\phi(x,t) = F_+(\omega)e^{j\omega(t-x/c)} + F_-(\omega)e^{j\omega(t+x/c)} \tag{7.4}$$

が得られる。右辺第1項は $x$ 軸の正方向へ，第2項は負方向へ速度 $c$ で伝搬する角周波数 $\omega$ の波を表す。ここに積分定数 $A_1(\omega)$, $A_2(\omega)$, $B_1(\omega)$, $B_2(\omega)$, $F_\pm(\omega)$ は $\omega$ の任意の関数である。

## 7.1.1　境界条件無し：自由空間（$-\infty < x < \infty$）

$x$ 軸に沿って無限に伸びる自由空間（境界のない空間）では，角周波数 $\omega$ は任意の実数を取り得る。任意振幅 $F_+(\omega), F_-(\omega)$ の平面進行波が束縛の無い1次元自由空間における波の構成要素を表し，その1次結合（重ね合わせ）により，一般の音場は

$$\phi(x,t) = \frac{1}{2\pi}\int_{-\infty}^{\infty} F_+(\omega)e^{j\omega(t-x/c)}d\omega + \frac{1}{2\pi}\int_{-\infty}^{\infty} F_-(\omega)e^{j\omega(t+x/c)}d\omega$$
$$= f_+\left(t - \frac{x}{c}\right) + f_-\left(t + \frac{x}{c}\right) \tag{7.5}$$

と表される。右辺の各項はそれぞれ音速 $c$ で $x$ 軸の正及び負方向へ進む任意の波形（関数）を表している。実際にこれらの波形を $t$ 及び $x$ で微分すれば方程式 (7.1) を満たす。なお，$F_\pm(\omega)$ は，波形 $f_\pm(t)$ の角周波数 $\omega$ の成分（スペクトル）を示し，互いにフーリエ変換の関係にある。

上式は同次方程式（自由振動）の一般解と言われるものであり，具体的な個々の解は全てこの中に含まれている。個々の解を具体化するには，特定の時刻 $t_0$ における音場（通常は $t=0$ における $\phi$ 及びその時間微分）の状態

$$\phi(x,0) = a\left(\frac{x}{c}\right) \quad , \quad \frac{\partial}{\partial t}\phi(x,t)|_{t=0} = b\left(\frac{x}{c}\right) \tag{7.6}$$

を指定する。これを初期条件という。いま $b(x/c) = 0$ とすれば

$$f_+\left(-\frac{x}{c}\right) + f_-\left(\frac{x}{c}\right) = a\left(\frac{x}{c}\right) \quad , \quad f'_+\left(-\frac{x}{c}\right) + f'_-\left(\frac{x}{c}\right) = 0 \quad (7.7)$$

となる。これより

$$f_+\left(-\frac{x}{c}\right) = f_-\left(\frac{x}{c}\right) = \frac{1}{2}a\left(\frac{x}{c}\right) \quad (7.8)$$

が得られ，求める解は式 (7.5)，式 (7.8) より

$$\phi(x,t) = \frac{1}{2}a\left(\frac{x}{c} - t\right) + \frac{1}{2}a\left(\frac{x}{c} + t\right) \quad (7.9)$$

で与えられる。図 7.1 に示すように，時刻 $t = 0$ における波形 $a(x/c)$ が折半され，$x$ 軸上を速度 $c$ で左右に伝搬して行くことがわかる。

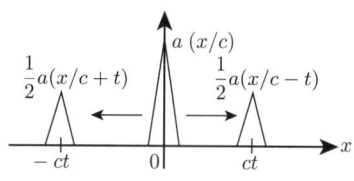

図 **7.1** 初期状態の伝搬

## 7.1.2 境界条件有り：閉空間 $(0 \leq x \leq \ell)$

次に波の存在できる領域が $x$ 軸上のある範囲に制限されると，どのようなことが起きるか考えてみよう。当然のことながら境界では反射が起き，条件を満たす波のグループ（構成要素の集合）は自由空間より小さくなる。例えば，領域が $0 \leq x \leq \ell$ に制限され，両端で粒子速度 $u(x,t)$ が 0，即ち

$$u(0,t) = -\left.\frac{\partial \phi}{\partial x}\right|_{x=0} = 0 \quad , \quad u(\ell,t) = -\left.\frac{\partial \phi}{\partial x}\right|_{x=\ell} = 0 \quad (7.10)$$

なる条件（境界条件）が課されているとしよう。この場合，条件を満たすためには $x$ 軸に沿って伝わる平面波が互いに連携（干渉）し，適切な定在波を作る必要がある。その結果，方程式 (7.3) の解は定在波（sin 及び cos 波形）により

$$X(x) = A(\omega)\cos\left(\frac{\omega}{c}x\right) + B(\omega)\sin\left(\frac{\omega}{c}x\right) \quad (7.11)$$

と表わされるが，式 (7.10) の条件を満たすためには

$$B(\omega) = 0 \quad , \quad \text{かつ} \quad \frac{\omega}{c}\ell = n\pi \quad (n = 1, 2, 3, \cdots)$$

であることが必要である．従って許容される角周波数 $\omega$ は離散化され

$$\omega_n = c\frac{n\pi}{\ell} \quad (n = 1, 2, 3, \cdots) \tag{7.12}$$

そして対応する $X(x)$ は，$A_n$ を定数として

$$\phi_n(x) = A_n \cos\left(\frac{\omega_n}{c}x\right) \quad (n = 1, 2, 3, \cdots) \tag{7.13}$$

と書かれる．自由振動の角周波数 $\omega_n$ を系の角固有振動数，$\phi_n(x)$ を固有モードという．

　領域に制限の無い自由空間（$-\infty < x < \infty$）では全ての $\omega$ が固有振動数となり得たが，有限な領域に制限されると，固有振動数は離散化され，それに対応する定在波パターン（振動モード）のみが存在し得ることになる．従って，この場合の自由振動は，固有振動数 $\omega_n$ を持つ振動モード $\phi_n(x)$ の集合（一次結合）により

$$\phi(x,t) = \sum_{n=1}^{\infty} \{a_n \cos\omega_n t + b_n \sin\omega_n t\} \cos\left(\frac{\omega_n}{c}x\right) \tag{7.14}$$

と表される．ここに定数 $a_n, b_n$ は初期条件（$t = 0$ における音場の状態）から決定される．

　いま初期条件として

$$\phi(x,0) = f(x) \quad , \quad \left.\frac{\partial \phi}{\partial t}\right|_{t=0} = 0 \quad (0 \leq x \leq \ell) \tag{7.15}$$

とおけば

$$a_n = f_n \quad , \quad b_n = 0 \quad (n = 1, 2, 3, \cdots) \tag{7.16}$$

が得られる．ただし $f_n$ は音場の初期分布 $f(x)$ における各モードの成分の寄与

$$f(x) = \sum_{n=1}^{\infty} f_n \cos\left(\frac{\omega_n}{c}x\right) \quad (0 \leq x \leq \ell) \tag{7.17}$$

を表す。従って式 (7.16) の結果を式 (7.14) に代入すれば，この場合の自由振動は

$$\phi(x,t) = \sum_{n=1}^{\infty} f_n \cos\left(\frac{\omega_n}{c}x\right) \cos\omega_n t \quad (t \geq 0) \tag{7.18}$$

で与えられる。

## 7.2 角周波数 $\Omega$ の外力による定常駆動：強制振動

　自由振動は何らかの原因で発生したとしても，系内の損失により減衰し，消滅する一過性のものである。振動が持続するためには外部からエネルギーを供給し続けねばならない。角周波数 $\Omega$ の定常的な音場を得るには，角周波数 $\Omega$ で系を駆動し続ける必要がある。外力により維持されるこのような定常場を強制振動という。

　外力（駆動源）のある場合の波動方程式は

$$\frac{\partial^2}{\partial x^2}\phi(x,t) - \frac{1}{c^2}\frac{\partial^2}{\partial t^2}\phi(x,t) = -Kq(x,t) \tag{7.19}$$

と書かれる。まず

$$q(x,t) = Q(\Omega)e^{j\Omega t}\delta(x-\xi) \tag{7.20}$$

とおき，一点 $x=\xi$ に角周波数 $\Omega$ の外力が作用している場合の定常場

$$\phi(x,t) = \phi(x)e^{j\Omega t} \tag{7.21}$$

を求めることから始めよう。角周波数 $\Omega$ の定常場は式 (7.19)～式 (7.21) より

$$\frac{d^2}{dx^2}\phi(x) + \left(\frac{\Omega}{c}\right)^2\phi(x) = -2Q(\Omega)\delta(x-\xi) \tag{7.22}$$

を解くことにより得られる。ただし，$K=2$ とした。

> **< Note 16 >** デルタ関数:$\delta(x), \delta(t)$
>
> 空間や時間の 1 点に値が集中していることを示すのにデルタ関数を用いる。例えば $\delta(x)$ は原点 $x = 0$ に,$\delta(x - \xi)$ は点 $x = \xi$ に値 1 が集中していることを示す。同様に $\delta(t)$ は時刻 $t = 0$ に, $\delta(t - \tau)$ は時刻 $t = \tau$ に値 1 が集中していることを示す。点音源やインパルス等を示すのに用いられる。

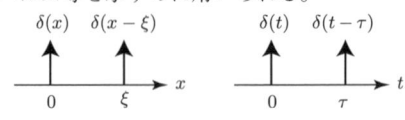

## 7.2.1 境界条件無し：自由空間（$-\infty < x < \infty$）

境界の無い 1 次元の自由空間では，あらゆる角周波数 $\omega$，波数 $k(= \omega/c)$ の波 $\Phi(k)e^{jkx}$ が存在し，一般に

$$\phi(x) = \frac{1}{2\pi} \int_{-\infty}^{\infty} \Phi(k)e^{jkx} dk \tag{7.23}$$

と書かれる。また

$$\delta(x - \xi) = \frac{1}{2\pi} \int_{-\infty}^{\infty} e^{-jk\xi} e^{jkx} dk \tag{7.24}$$

であることから，方程式 (7.22) は式 (7.23), 式 (7.24) を代入すれば波数 $k$ に関しては

$$\left\{ -k^2 + \left(\frac{\Omega}{c}\right)^2 \right\} \Phi(k) = -2Q(\Omega)e^{-jk\xi} \tag{7.25}$$

となり

$$\Phi(k) = \frac{2Q(\Omega)e^{-jk\xi}}{k^2 - (\Omega/c)^2} \tag{7.26}$$

が得られる。従って速度ポテンシャル $\phi(x)$ は，式 (7.23), 式 (7.26) より

$$\phi(x) = \frac{1}{2\pi} \int_{-\infty}^{\infty} \frac{2Q(\Omega)e^{-jk\xi}}{k^2 - (\Omega/c)^2} e^{jkx} dk \tag{7.27}$$

で与えられる。また、粒子速度 $u(x)$ は

$$\begin{aligned} u(x) &= -\frac{\partial \phi(x)}{\partial x} \\ &= \frac{-jQ(\Omega)}{2\pi} \int_{-\infty}^{\infty} \frac{2k}{k^2 - (\Omega/c)^2} e^{jk(x-\xi)} dk \\ &= \begin{cases} \frac{1}{2} Q(\Omega) e^{-j\frac{\Omega}{c}(x-\xi)} & (x > \xi) \\ -\frac{1}{2} Q(\Omega) e^{j\frac{\Omega}{c}(x-\xi)} & (x < \xi) \end{cases} \end{aligned} \tag{7.28}$$

となり（<Note 17> 参照），時間因子 $e^{j\Omega t}$ を考慮すれば

$$u(x,t) = \begin{cases} \frac{1}{2} Q(\Omega) e^{j\Omega(t-\frac{x-\xi}{c})} & (x > \xi) \\ -\frac{1}{2} Q(\Omega) e^{j\Omega(t+\frac{x-\xi}{c})} & (x < \xi) \end{cases} \tag{7.29}$$

と表され，$x = \xi$ における外力（音源）の振動速度 $Q(\Omega)$ が二分され，左右に速度 $c$ で伝搬することを示している。同様に音圧 $p(x,t)$ は次式で与えられる。

$$p(x,t) = \begin{cases} \frac{1}{2} \rho c Q(\Omega) e^{j\Omega(t-\frac{x-\xi}{c})} & (x > \xi) \\ \frac{1}{2} \rho c Q(\Omega) e^{j\Omega(t+\frac{x-\xi}{c})} & (x < \xi) \end{cases} \tag{7.30}$$

## 7.2.2　境界条件有り：閉空間 $(0 \leq x \leq \ell)$

**7.1.2** と同様，閉領域 $(0 \leq x \leq \ell)$ の両端で粒子速度が 0 であるとしよう。この領域における音場の固有振動数 $\omega_n$ と固有振動モード $\phi_n(x)$ は式 (7.12) 及び式 (7.13) で与えられ，非同次方程式 (7.19) の解 $\phi(x,t)$ 及び外力 $q(x,t)$ は何れも $\phi_n(x)$ の 1 次結合（重ね合わせ）で表される。

まず 1 点 $x = \xi$ に働く角周波数 $\Omega$ の外力は $\phi_n(x)$ により

$$\begin{aligned} q(x,t) &= Q(\Omega) e^{j\Omega t} \delta(x-\xi) \\ &= Q(\Omega) e^{j\Omega t} \frac{2}{\ell} \left\{ \frac{1}{2} + \sum_{n=1}^{\infty} \phi_n(\xi) \phi_n(x) \right\} \end{aligned} \tag{7.31}$$

のごとく展開される。

**96** 第 7 章　1 次元音場の解析と表示

┌─ < **Note 17**> 解の選択（積分路の取り扱い）──────────────┐
│
│　　音場を求めるということは，単に数学的に波動方程式を解くということではない。
│　数学的には，時に各種の解が可能であっても，その中から物理的に適切なものを選
│　ぶ必要が生ずる。例えば，積分路上に特異点が存在する場合，その処置の方法によ
│　り複数の解が得られるが，物理的に妥当なものはどれか決めなければならない。そ
│　のためには，得られた数式の意味を読み解く努力が欠かせない。例えば
│　1) 式 (7.28) における積分路としては 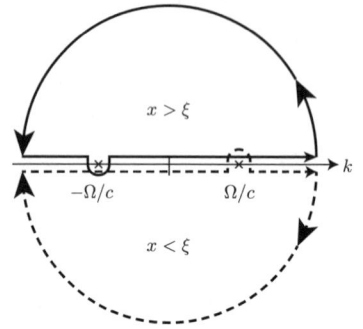
│
│
│
│
│
│
│
│                                          $x > \xi$ では実線の積分路を，$x <$
│                                          $\xi$ では破線の積分路を選び留数
│                                          計算を行う。
│
│
│
│
│
│　2) 式 (7.46), 式 (7.47), 式 (7.52) における積分路としては 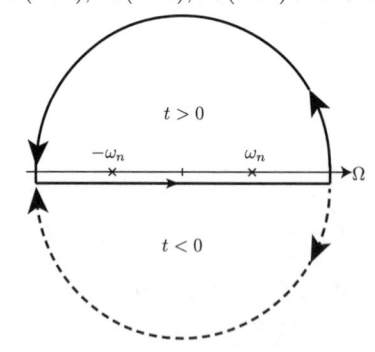
│
│
│
│
│
│                                          特異点 $\pm\omega_n$ は系の損失により
│                                          実際には $\pm\omega_n + j\sigma_n (\sigma_n > 0)$
│                                          となることを考慮し，積分路を
│                                          選ぶ。
│
│
│
└──────────────────────────────────┘

次に $\phi(x,t)$ を $\phi_n(x)$ で展開し

$$\phi(x,t) = e^{j\Omega t} \sum_{n=0}^{\infty} A_n(\Omega) \phi_n(x) \tag{7.32}$$

とおく。ここに $A_n(\Omega)$ は固有モード $\phi_n(x)$ の大きさを表す未定係数である。式
(7.31), 式 (7.32) を波動方程式 (7.19) に代入し，振動モード成分ごとに等置すれ

ば次式が得られる。

$$\left\{\left(\frac{\Omega}{c}\right)^2 - \left(\frac{\omega_n}{c}\right)^2\right\} A_n(\Omega) = -\epsilon_n \frac{4}{\ell}\phi_n(\xi)Q(\Omega) \quad (n=0,1,2,\cdots)$$

$$(\epsilon_0 = 1/2, \epsilon_1 = \epsilon_2 = \cdots = 1) \quad (7.33)$$

ただし

$$\frac{d^2}{dx^2}\phi_n(x) = -\left(\frac{\omega_n}{c}\right)^2 \phi_n(x) \quad (7.34)$$

なる関係を用いた。式 (7.33) より未定係数 $A_n(\Omega)$ は

$$A_n(\Omega) = \frac{4\epsilon_n c^2 Q(\Omega)}{\omega_n^2 - \Omega^2}\frac{1}{\ell}\phi_n(\xi) \quad (n=0,1,2,\cdots) \quad (7.35)$$

で与えられる。式 (7.32) に代入すれば速度ポテンシャル $\phi(x,t)$ は

$$\phi(x,t) = \frac{4}{\ell}c^2 Q(\Omega) e^{j\Omega t} \sum_{n=0}^{\infty} \frac{\epsilon_n}{\omega_n^2 - \Omega^2}\phi_n(\xi)\phi_n(x) \quad (7.36)$$

と表される。従って音圧及び粒子速度はそれぞれ

$$p(x,t) = \rho\frac{\partial \phi}{\partial t}$$
$$= j\frac{4\rho c^2}{\ell}\Omega Q(\Omega) e^{j\Omega t}\sum_{n=0}^{\infty}\frac{\epsilon_n}{\omega_n^2 - \Omega^2}\phi_n(\xi)\phi_n(x) \quad (7.37)$$

$$u(x,t) = -\frac{\partial \phi}{\partial x}$$
$$= \frac{4c}{\ell}Q(\Omega)e^{j\Omega t}\sum_{n=1}^{\infty}\frac{\omega_n}{\omega_n^2 - \Omega^2}\phi_n(\xi)\varphi_n(x) \quad (7.38)$$

となる。ここに

$$\varphi_n(x) = \sin\left(\frac{\omega_n}{c}x\right) \quad (n=1,2,3,\cdots) \quad (7.39)$$

である。式 (7.36)〜式 (7.38) から明らかなごとく，外力の角周波数 $\Omega$ が閉領域の固有振動数 $\omega_n$ に近づくにつれ $\phi(x,t)$, $p(x,t)$, $u(x,t)$ の値は無限に大きくなり，いわゆる共振現象が起きる。

## 7.3 一般の外力

**7.2** では外力は定常的であり，永久に続くものとした。しかし通常外力は，ある時間に限定される。このような外力に対する非同次の波動方程式を解くには以下の2つの方法 (周波数応答法及び過渡応答法) がある。

1) 周波数応答法: 外力を周波数成分に分解し，各周波数成分に対し前節の方法を適用し，得られた結果を加算する（定常解を重ね合わせる）。
2) 過渡応答法: 外力を微小なインパルス列に分解し，各インパルスに対する系の応答を加算する（過渡解を重ね合わせる）。

両者は数学的にはフーリエ変換により結ばれ全く等価である。以下では前節の周波数応答法に沿って話を進める。なお，外力は一点 $x = \xi$ に作用し

$$q(x,t) = q(t)\delta(x-\xi) \quad (t \geq 0) \tag{7.40}$$

と表されるものとする。過渡応答法（グリーン関数法）については次章で述べる。

### 7.3.1 境界条件無し：自由空間 $(-\infty < x < \infty)$

式 (7.40) の外力は自由空間では平面進行波の集合（1次結合）により

$$q(x,t) = \frac{1}{(2\pi)^2} \iint_{-\infty}^{\infty} Q(\Omega)e^{-jk\xi}e^{j(\Omega t + kx)} d\Omega dk \tag{7.41}$$

と表される。ただし

$$Q(\Omega) = \int_{-\infty}^{\infty} q(t)e^{-j\Omega t} dt \tag{7.42}$$

は外力の角周波数 $\Omega$ の成分である。

従って，この場合の音場は **7.2.1** で求めた $u(x,t), p(x,t)$ を $\Omega$ に関し加算（積分）することにより得られる。粒子速度 $u(x,t)$ については式 (7.29) より

$$\begin{aligned}
u(x,t) &= \pm \frac{1}{2} \cdot \frac{1}{2\pi} \int_{-\infty}^{\infty} Q(\Omega) e^{j\Omega(t \mp \frac{x-\xi}{c})} d\Omega \\
&= \begin{cases} \frac{1}{2} q\left(t - \frac{x-\xi}{c}\right) & (x > \xi) \\ -\frac{1}{2} q\left(t + \frac{x-\xi}{c}\right) & (x < \xi) \end{cases}
\end{aligned} \tag{7.43}$$

で与えられる。同様に音圧 $p(x,t)$ については，式 (7.30) より

$$p(x,t) = \begin{cases} \frac{1}{2}\rho c q\left(t - \frac{x-\xi}{c}\right) & (x > \xi) \\ \frac{1}{2}\rho c q\left(t + \frac{x-\xi}{c}\right) & (x < \xi) \end{cases} \quad (7.44)$$

で与えられ，外力の時間変化が二分され，波として $x$ 軸の右方向及び左方向に音速 $c$ で伝わることを示している。

### 7.3.2 境界条件有り：閉空間 $(0 \leq x \leq \ell)$

両端で式 (7.10) の条件が課されている閉領域 $(0 \leq x \leq \ell)$ に対しては式 (7.40) の外力は固有振動モード $\phi_n(x)$ により

$$q(x,t) = \frac{1}{2\pi}\int_{-\infty}^{\infty} Q(\Omega)e^{j\Omega t}d\Omega \cdot \sum_{n=0}^{\infty} \frac{2\epsilon_n}{\ell}\phi_n(\xi)\phi_n(x) \quad (t \geq 0) \quad (7.45)$$

のごとく展開される。この場合の音圧及び粒子速度は **7.2.2** において求めた式 (7.37) 及び式 (7.38) を角周波数 $\Omega$ に関し積分することにより

$$p(x,t) = j\frac{2\rho c^2}{\ell}\sum_{n=0}^{\infty}\epsilon_n\phi_n(\xi)\phi_n(x)\frac{1}{2\pi}\int_{-\infty}^{\infty}\frac{2\Omega Q(\Omega)}{\omega_n^2 - \Omega^2}e^{j\Omega t}d\Omega \quad (t \geq 0) \quad (7.46)$$

$$u(x,t) = \frac{2c}{\ell}\sum_{n=1}^{\infty}\phi_n(\xi)\varphi_n(x)\frac{1}{2\pi}\int_{-\infty}^{\infty}\frac{2\omega_n Q(\Omega)}{\omega_n^2 - \Omega^2}e^{j\Omega t}d\Omega \quad (t \geq 0) \quad (7.47)$$

で与えられる（<Note 17> 参照）。これより

$$p(x,t) = \frac{4\rho c^2}{\ell}\sum_{n=1}^{\infty}\phi_n(\xi)\phi_n(x)|Q(\omega_n)|\cos(\omega_n t + \theta_n) \quad (t \geq 0) \quad (7.48)$$

$$u(x,t) = \frac{4c}{\ell}\sum_{n=1}^{\infty}\phi_n(\xi)\varphi_n(x)|Q(\omega_n)|\sin(\omega_n t + \theta_n) \quad (t \geq 0) \quad (7.49)$$

が得られる。ただし

$$Q(\omega_n) = |Q(\omega_n)|e^{j\theta_n}$$

とした。従ってこの場合，音場は角周波数 $\omega_n$ の固有振動モードの集まりで表されるが，各モードの寄与は外力（音源）のスペクトル $Q(\omega_n)$ と駆動位置 $\xi$ における $\phi_n(\xi)$ に依存する。式 (7.48)，式 (7.49) は系に損失のない理想的な場合に対する結果であるが，実際には必ず損失があり，外力により励振されたモードもやがて減衰消滅する。$n$ 次モードの減衰因子を $e^{-\sigma_n t}$ ($\sigma_n > 0$) とすれば式 (7.48)，式 (7.49) はそれぞれ以下のように書き改められる。

$$p(x,t) = \frac{4\rho c^2}{\ell} \sum_{n=1}^{\infty} \phi_n(\xi)\phi_n(x)|Q(\omega_n)|e^{-\sigma_n t} \cos(\omega_n t + \theta_n) \quad (t \geq 0)$$

$$u(x,t) = \frac{4c}{\ell} \sum_{n=1}^{\infty} \phi_n(\xi)\varphi_n(x)|Q(\omega_n)|e^{-\sigma_n t} \sin(\omega_n t + \theta_n) \quad (t \geq 0)$$

## 7.4 外力が空間的に分布する場合

外力 $q(x,t)$ が $x$ 軸上に分布するさらに一般的な場合の解を求めよう。

### 7.4.1 自由空間（$-\infty < x < \infty$）

外力が 1 点 $\xi$ に集中している場合を **7.3.1** で取り扱った。音圧に関しては式 (7.44) が成り立ち，その結果を用いれば，時点 $(x,t)$ における音圧は $x$ の左方（$\xi < x$）及び右方（$\xi' > x$）から到達する波の和として（図 7.2）

$$p(x,t) = \frac{\rho c}{2} \int_{-\infty}^{x} q(\xi, t - \frac{x-\xi}{c})d\xi + \frac{\rho c}{2} \int_{x}^{\infty} q(\xi', t + \frac{x-\xi'}{c})d\xi' \quad (7.50)$$

で与えられる。同様に粒子速度 $u(x,t)$ は式 (7.43) の結果を基に

$$u(x,t) = \frac{1}{2} \int_{-\infty}^{x} q(\xi, t - \frac{x-\xi}{c})d\xi - \frac{1}{2} \int_{x}^{\infty} q(\xi', t + \frac{x-\xi'}{c})d\xi' \quad (7.51)$$

と表される。

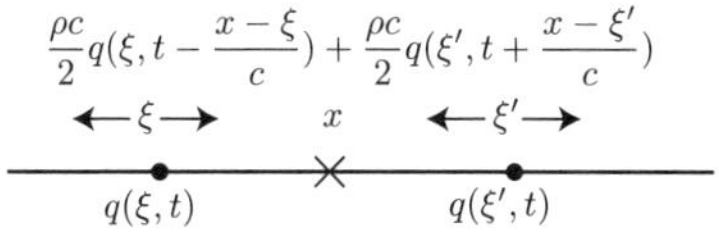

## 7.4. 外力が空間的に分布する場合

$\frac{\rho c}{2} q(\xi, t - \frac{x-\xi}{c}) + \frac{\rho c}{2} q(\xi', t + \frac{x-\xi'}{c})$

←$\xi$→    $x$    ←$\xi'$→

●————————×————————●

$q(\xi, t)$          $q(\xi', t)$

図 **7.2** 点 $x$ への波の到来（音圧）

### 7.4.2 閉空間 $(0 \leq x \leq \ell)$

同様に，**7.3.2** の結果を外力が分布している $\xi$ の区間 $(0 \leq \xi \leq \ell)$ にわたり積分すればよい．即ち式 (7.46), 式 (7.47) を $\xi$ について積分すれば

$$p(x,t) = j\frac{2\rho c^2}{\ell} \sum_{n=0}^{\infty} \epsilon_n \phi_n(x) \frac{1}{2\pi} \int_{-\infty}^{\infty} d\Omega \frac{2\Omega e^{j\Omega t}}{\omega_n^2 - \Omega^2} \int_0^\ell Q(\xi, \Omega) \phi_n(\xi) d\xi$$

$$= j\rho c^2 \sum_{n=0}^{\infty} \epsilon_n \phi_n(x) \frac{1}{2\pi} \int_{-\infty}^{\infty} \frac{2\Omega Q_n(\Omega)}{\omega_n^2 - \Omega^2} e^{j\Omega t} d\Omega$$

$$= 2\rho c^2 \sum_{n=1}^{\infty} \phi_n(x) |Q_n(\omega_n)| \cos(\omega_n t + \theta_n) \quad (t \geq 0) \tag{7.52}$$

$$u(x,t) = 2c \sum_{n=1}^{\infty} \varphi_n(x) |Q_n(\omega_n)| \sin(\omega_n t + \theta_n) \quad (t \geq 0) \tag{7.53}$$

が得られる．ただし式 (7.46), 式 (7.47) における $Q(\Omega)$ は外力の作用する点 $\xi$ に依存することから $Q(\xi, \Omega)$ と書き改め，かつ

$$Q_n(\Omega) = \frac{2}{\ell} \int_0^\ell Q(\xi, \Omega) \phi_n(\xi) d\xi \tag{7.54}$$

$$Q_n(\omega_n) = |Q_n(\omega_n)| e^{j\theta_n} \tag{7.55}$$

とおいた．

# 第8章　3次元音場の解析と表示

ここでは3次元の音場を取り扱う．音場の解析及び表示は，既に見たように，そのほとんどが波動方程式の線形性に留意し，「重ねの理」を巧みに利用している．音源（外力＝入力）を適切な成分に分解して，受音点（観測点）において各成分の出力（応答）を加算する．波動方程式を線形システムの入出力関係として捉えることにより，各種の解法と相互の関連が見えてくる．

## 8.1　線形系の入出力と重ねの理

線形系の入力 $x_1, x_2, \cdots, x_n$ に対する出力を $y_1, y_2, \cdots, y_n$ とすれば，入力の1次結合

$$x = a_1 x_1 + a_2 x_2 + \cdots + a_n x_n$$

に対する出力は

$$y = a_1 y_1 + a_2 y_2 + \cdots + a_n y_n$$

で与えられる．入出力に関するこの性質を，線形系における「重ねの理」（「重ね合わせの原理」）と呼んでいる．

重ねの理は線形方程式を解く際に，極めて有用な手段を提供する．と言うのは一般の入力（外力）に対する出力（応答＝解）を求めるには，入力を適切な成分に分解し，個々の成分に対する出力が得られれば，それらを加算合成すればよいからである．入力をどのような成分に分解するかにより解法が異なる．代表的な方法としては

(1) 周波数成分に分解する

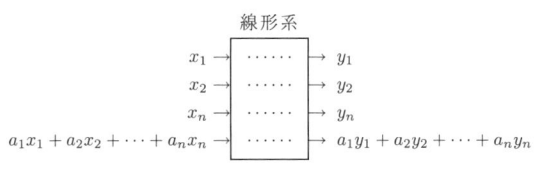

```
                    線形系
          x₁ →  ┌─────┐ → y₁
          x₂ →  │·····│ → y₂
          xₙ →  │·····│ → yₙ
a₁x₁+a₂x₂+⋯+aₙxₙ → └─────┘ → a₁y₁+a₂y₂+⋯+aₙyₙ
```

図 **8.1** 線形系の入出力の関係

(2) インパルス列に分解する
(3) モードに分解する

などがある．以下では線形波動方程式のこれらの解法において「重ねの理」が果たしている基本的な役割について述べる．

## 8.2 非同次の波動方程式

音源強度（音源の体積速度の分布）を $q(\boldsymbol{r},t)$ とすれば，速度ポテンシャル $\phi(\boldsymbol{r},t)$ に対する波動方程式は

$$\left(\Delta - \frac{1}{c^2}\frac{\partial^2}{\partial t^2}\right)\phi(\boldsymbol{r},t) = -q(\boldsymbol{r},t) \tag{8.1}$$

と書かれる．この方程式では音源の強度分布

$$q(\boldsymbol{r},t) = \iiiint q(\boldsymbol{r}_0,t_0)\delta(\boldsymbol{r}-\boldsymbol{r}_0)\delta(t-t_0)d\boldsymbol{r}_0 dt_0 \tag{8.2}$$

が入力，速度ポテンシャル $\phi(\boldsymbol{r},t)$ が出力ということになる．入力 $q(\boldsymbol{r},t)$ は外力，駆動力とも呼ばれ，音源の動作を規定する．方程式 (8.1) を解くには，重ねの理により $q(\boldsymbol{r},t)$ を成分に分解し，各成分に対する解（出力＝応答）を求め，加算すればよい．大きさのある一般の音源は，点音源の集まりである．従ってその解は各点音源に対する解を加算することにより求められる．これもまた重ねの理に由来する．

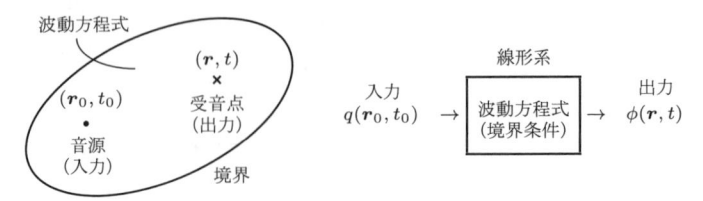

**図 8.2** 波動方程式と線形系の入出力

---

**< Note 18>** 関数のフーリエ変換とその表記

本章では時間 $t$ や空間 $r$ の関数 $q(t),q(r,t),g(r,t)$ などのフーリエ変換が現れ，その表記がやや複雑である．以下では，関数 $f(t),f(r,t)$ を例にその表記方法を説明する．

$$f(t) \underset{\omega}{\overset{t}{\rightleftarrows}} F(\omega)$$

$$f(r,t) \underset{\omega}{\overset{t}{\rightleftarrows}} F(r,\omega) \underset{k}{\overset{r}{\rightleftarrows}} \mathcal{F}(k,\omega)$$

$\omega$ : 角周波数（時間周波数）
$k$ : 波数ベクトル（空間周波数ベクトル）

$$F(\omega) = \int_{-\infty}^{\infty} f(t)e^{-j\omega t} dt \quad \text{（波形のスペクトル分解）}$$

$$f(t) = \frac{1}{2\pi} \int_{-\infty}^{\infty} F(\omega)e^{j\omega t} d\omega \quad \text{（スペクトルによる波形の合成）}$$

$$F(r,\omega) = \int_{-\infty}^{\infty} f(r,t)e^{-j\omega t} dt = \frac{1}{(2\pi)^3} \iiint_{-\infty}^{\infty} \mathcal{F}(k,\omega)e^{j k \cdot r} dk$$

$$\mathcal{F}(k,\omega) = \iiint_{-\infty}^{\infty} F(r,\omega)e^{-j k \cdot r} dr = \iiiint_{-\infty}^{\infty} f(r,t)e^{-j\omega t - j k \cdot r} dt dr$$

$$f(r,t) = \frac{1}{2\pi} \int_{-\infty}^{\infty} F(r,\omega)e^{j\omega t} d\omega = \frac{1}{(2\pi)^4} \iiiint_{-\infty}^{\infty} \mathcal{F}(k,\omega)e^{j\omega t + j k \cdot r} d\omega dk$$

## 8.3 点音源

音源の位置を $r_0$, 強度を $q_{r_0}(t)$ とすると

$$q(r,t) = q_{r_0}(t)\delta(r - r_0) \tag{8.3}$$

と書かれ，波動方程式は

$$\left(\triangle - \frac{1}{c^2}\frac{\partial^2}{\partial t^2}\right)\phi(r,t) = -q_{r_0}(t)\delta(r - r_0) \tag{8.4}$$

と表される。まず，点音源に関する上式の主な解法と重ねの理との係わりについて述べる。

### 8.3.1 駆動力 $q_{r_0}(t)$ の周波数への分解と合成：周波数応答法（伝達関数法）

入力 $q_{r_0}(t)$ はフーリエ変換により

$$Q_{r_0}(\Omega) = \int_{-\infty}^{\infty} q_{r_0}(t)e^{-j\Omega t}dt$$

$$q_{r_0}(t) = \frac{1}{2\pi}\int_{-\infty}^{\infty} Q_{r_0}(\Omega)e^{j\Omega t}\Omega \tag{8.5}$$

のごとく，周波数成分 $Q_{r_0}(\Omega)$ に分解し，かつ合成することができる。従って波動方程式 (8.4) の解は重ねの理に基づき以下の手順により求められる。

(1) 振幅 1，角周波数 $\Omega$ の正弦波 $e^{j\Omega t}$ に対する応答（出力）を求める。
(2) 振幅 $(1/2\pi)Q_{r_0}(\Omega)d\Omega$，角周波数 $\Omega$ の正弦波 $(1/2\pi)Q_{r_0}(\Omega)d\Omega e^{j\Omega t}$ に対する応答を求める。
(3) 入出力を角周波数 $\Omega$ に関し加算（積分）する。

各ステップにおける入出力の関係を図 8.3 に示す。

駆動点（音源）を $r_0$, 観測点（受音点）を $r$ とした場合の系の周波数応答 $G(r,\Omega|r_0)$ は伝達関数と呼ばれる。駆動点のスペクトル $Q_{r_0}(\Omega)e^{j\Omega t}$ に伝達関数 $G(r,\Omega|r_0)$ を乗じ，重ね合わせることにより所望の解が得られる。すなわち駆動力を正弦波に分解し，定常的な正弦波に対する系の応答を合成することにある。周波数応答法あるいは伝達関数法といわれている。

## 第8章 3次元音場の解析と表示

|     |                                                                 |
| --- | --------------------------------------------------------------- |
| (1) | $e^{j\Omega t}\delta(\boldsymbol{r}-\boldsymbol{r}_0) \to \boxed{\phantom{G}} \to G(\boldsymbol{r},\Omega|\boldsymbol{r}_0)e^{j\Omega t}$ |
| (2) | $\dfrac{d\Omega}{2\pi}Q_{\boldsymbol{r}_0}(\Omega)e^{j\Omega t}\delta(\boldsymbol{r}-\boldsymbol{r}_0) \to \boxed{\phantom{G}} \to \dfrac{d\Omega}{2\pi}Q_{\boldsymbol{r}_0}(\Omega)G(\boldsymbol{r},\Omega|\boldsymbol{r}_0)e^{j\Omega t}$ |
| (3) | $\dfrac{1}{2\pi}\displaystyle\int_{-\infty}^{\infty}Q_{\boldsymbol{r}_0}(\Omega)e^{j\Omega t}d\Omega\,\delta(\boldsymbol{r}-\boldsymbol{r}_0) \to \boxed{\phantom{G}} \to \dfrac{1}{2\pi}\displaystyle\int_{-\infty}^{\infty}Q_{\boldsymbol{r}_0}(\Omega)G(\boldsymbol{r},\Omega|\boldsymbol{r}_0)e^{j\Omega t}d\Omega$ |
|     | $\parallel$ ・・・・・・・・・・・・・・・・・・・・・・・・・・・・・・・・・・・・ $\parallel$ |
|     | $q_{\boldsymbol{r}_0}(t)\delta(\boldsymbol{r}-\boldsymbol{r}_0)$ ・・・・・・・・・・・・・・・・・・ $\phi(\boldsymbol{r},t|\boldsymbol{r}_0)$ |

**図 8.3** 周波数応答の重ね合わせ

|     |                                                                 |
| --- | --------------------------------------------------------------- |
| (0) | $\delta(t)\delta(\boldsymbol{r}-\boldsymbol{r}_0) \to \boxed{\phantom{g}} \to g(\boldsymbol{r},t|\boldsymbol{r}_0)$ |
| (1) | $\delta(t-t_0)\delta(\boldsymbol{r}-\boldsymbol{r}_0) \to \boxed{\phantom{g}} \to g(\boldsymbol{r},t-t_0|\boldsymbol{r}_0)$：時不変系 |
| (2) | $q_{\boldsymbol{r}_0}(t_0)dt_0\delta(t-t_0)\delta(\boldsymbol{r}-\boldsymbol{r}_0) \to \boxed{\phantom{g}} \to q_{\boldsymbol{r}_0}(t_0)dt_0 \cdot g(\boldsymbol{r},t-t_0|\boldsymbol{r}_0)$ |
| (3) | $\displaystyle\int_{-\infty}^{\infty}q_{\boldsymbol{r}_0}(t_0)\delta(t-t_0)dt_0\,\delta(\boldsymbol{r}-\boldsymbol{r}_0) \to \boxed{\phantom{g}} \to \displaystyle\int_{-\infty}^{\infty}q_{\boldsymbol{r}_0}(t_0)g(\boldsymbol{r},t-t_0|\boldsymbol{r}_0)dt_0$ |
|     | $\parallel$ ・・・・・・・・・・・・・・・・・・・・・・・・・・・・・・・・・・・・ $\parallel$ |
|     | $q_{\boldsymbol{r}_0}(t)\delta(\boldsymbol{r}-\boldsymbol{r}_0)$ ・・・・・・・・・・・・・・・・・・ $\phi(\boldsymbol{r},t|\boldsymbol{r}_0)$ |

**図 8.4** インパルス応答（過渡応答）の重ね合わせ

### 8.3.2 駆動力 $q_{\boldsymbol{r}_0}(t)$ のインパルスへの分解と合成：インパルス応答法（グリーン関数法）

駆動力 $q_{\boldsymbol{r}_0}(t)$ は

$$q_{\boldsymbol{r}_0}(t) = \int_{-\infty}^{\infty} q_{\boldsymbol{r}_0}(t_0)\delta(t-t_0)dt_0 \tag{8.6}$$

のように，微小インパルス $q_{\boldsymbol{r}_0}(t_0)\delta(t-t_0)dt_0$ に分解することができる．従って図 8.4 に示すごとく波動方程式 (8.4) の解は以下の手順によりインパルスに対する応答（出力）を基に合成することができる．

**(1)** 時刻 $t_0$ における単位インパルス $\delta(t-t_0)$ に対する応答を求める．
**(2)** 微小インパルス $q_{\boldsymbol{r}_0}(t_0)\delta(t-t_0)dt_0$ に対する応答を求める．
**(3)** 入出力を $t_0$ に関し加算（積分）する．

駆動力 $q_{\bm{r}_0}(t)$ が単位インパルス $\delta(t)$ である場合の出力 $g(\bm{r},t|\bm{r}_0)$ を系のインパルス応答（グリーン関数）という。時不変系（時間と共に変化しない系）での入力 $\delta(t-t_0)$ に対する応答は $g(\bm{r},t-t_0|\bm{r}_0)$ となる。また微小インパルス $q_{\bm{r}_0}(t_0)dt_0\delta(t-t_0)$ に対する応答は $g(\bm{r},t-t_0|\bm{r}_0)\cdot q_{\bm{r}_0}(t_0)dt_0$ となり，重ねの理によりそれらを合成した出力は

$$\phi(\bm{r},t|\bm{r}_0) = \int_{-\infty}^{\infty} q_{\bm{r}_0}(t_0)g(\bm{r},t-t_0|\bm{r}_0)dt_0 \tag{8.7}$$

と表される。系の過渡応答を加算合成（積分）することにより解を求める上述の方法はインパルス応答法あるいはグリーン関数法と呼ばれる。ここにグリーン関数 $g(\bm{r},t|\bm{r}_0)$ はインパルスに対する応答であると同時に境界条件をも満足しなければならない。なお，境界条件のないグリーン関数（自由空間のインパルス応答）は原点を自由に選ぶことができ，音源位置を原点にとることにより

$$g(\bm{r},t-t_0|\bm{r}_0) = g(\bm{r}-\bm{r}_0,t-t_0) \tag{8.8}$$

そして，前節の伝達関数は

$$G(\bm{r},\Omega|\bm{r}_0) = G(\bm{r}-\bm{r}_0,\Omega) \tag{8.9}$$

と書かれる。

### 8.3.3　モード（定在波）への分解と合成：固有関数法

室などの閉空間では様々な方向に進む波と反射波が干渉し，境界条件を満たすように定在波が形成される。閉空間内の規準となる定在波を固有振動モードという。閉空間内の音場は固有振動モードの 1 次結合（重ね合わせ）により表される。従って，駆動力を固有振動モードに分解し各モードに対する応答を求め，加算することにより解を得ることもできる。このような方法をモード理論あるいは固有関数法という。ただし各モードは互いに独立で，完全正規直交関数系をなすものとする（<Note 19> 参照）。モード理論を適用する手順としては

**(1)** 駆動力 $q(\bm{r},t)$ をモード分解する
**(2)** 各モード $\phi_n(\bm{r})$ に対する応答（周波数応答又はインパルス応答）を求める

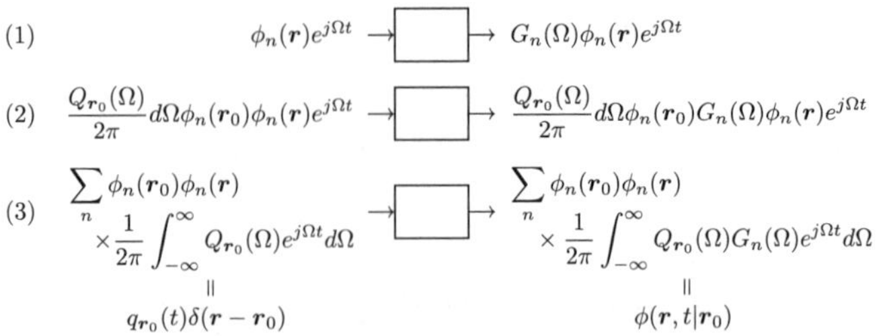

(1) $\phi_n(\boldsymbol{r})e^{j\Omega t}$ → ☐ → $G_n(\Omega)\phi_n(\boldsymbol{r})e^{j\Omega t}$

(2) $\dfrac{Q_{\boldsymbol{r}_0}(\Omega)}{2\pi}d\Omega\phi_n(\boldsymbol{r}_0)\phi_n(\boldsymbol{r})e^{j\Omega t}$ → ☐ → $\dfrac{Q_{\boldsymbol{r}_0}(\Omega)}{2\pi}d\Omega\phi_n(\boldsymbol{r}_0)G_n(\Omega)\phi_n(\boldsymbol{r})e^{j\Omega t}$

(3) $\displaystyle\sum_n \phi_n(\boldsymbol{r}_0)\phi_n(\boldsymbol{r}) \times \dfrac{1}{2\pi}\int_{-\infty}^{\infty} Q_{\boldsymbol{r}_0}(\Omega)e^{j\Omega t}d\Omega$ → ☐ → $\displaystyle\sum_n \phi_n(\boldsymbol{r}_0)\phi_n(\boldsymbol{r}) \times \dfrac{1}{2\pi}\int_{-\infty}^{\infty} Q_{\boldsymbol{r}_0}(\Omega)G_n(\Omega)e^{j\Omega t}d\Omega$

$\parallel$ $\qquad\qquad\qquad\qquad\qquad$ $\parallel$

$q_{\boldsymbol{r}_0}(t)\delta(\boldsymbol{r}-\boldsymbol{r}_0)$ $\qquad\qquad\qquad$ $\phi(\boldsymbol{r},t|\boldsymbol{r}_0)$

図 8.5 モードの周波数応答の重ね合わせ

**(3) モードに対する応答を加算する**

となる.以下では $q_{\boldsymbol{r}_0}(t)$ を周波数成分に分解し,モードの周波数応答を求める方法について述べる.

系の固有振動モード $\phi_1(\boldsymbol{r}),\phi_2(\boldsymbol{r}),\cdots,\phi_n(\boldsymbol{r}),\cdots$ に対する固有値を $k_1^2,k_2^2,\cdots,k_n^2,\cdots$ とすれば

$$\delta(\boldsymbol{r}-\boldsymbol{r}_0) = \sum_n \phi_n(\boldsymbol{r}_0)\phi_n(\boldsymbol{r}) \tag{8.10}$$

$$\Delta\phi_n(\boldsymbol{r}) = -k_n^2\phi_n(\boldsymbol{r}) \quad (n=1,2,3,\cdots) \tag{8.11}$$

なる関係がある.また $q_{\boldsymbol{r}_0}(t)$ の周波数スペクトルを $Q_{\boldsymbol{r}_0}(\Omega)$ とすれば外力は

$$q_{\boldsymbol{r}_0}(t)\delta(\boldsymbol{r}-\boldsymbol{r}_0) = \dfrac{1}{2\pi}\sum_n \int_{-\infty}^{\infty} Q_{\boldsymbol{r}_0}(\Omega)e^{j\Omega t}d\Omega\,\phi_n(\boldsymbol{r}_0)\phi_n(\boldsymbol{r}) \tag{8.12}$$

と表されることから,正弦波モード $\phi_n(\boldsymbol{r})e^{j\Omega t}$ に分解される.この正弦波モードに対する応答を $G_n(\Omega)\phi_n(\boldsymbol{r})e^{j\Omega t}$ とすれば式 (8.1) は

$$\left\{-k_n^2 + \left(\dfrac{\Omega}{c}\right)^2\right\}G_n(\Omega)\phi_n(\boldsymbol{r})e^{j\Omega t} = -\phi_n(\boldsymbol{r})e^{j\Omega t} \tag{8.13}$$

となり

$$G_n(\Omega) = \dfrac{-c^2}{\Omega^2 - \omega_n^2} \quad (\omega_n = k_n c) \tag{8.14}$$

が得られる。従ってモードと周波数に関し加算する（重ね合わせる）ことにより，速度ポテンシャルは（図 8.5 参照）

$$\begin{aligned}\phi(\boldsymbol{r},t|\boldsymbol{r}_0) &= \sum_n \phi_n(\boldsymbol{r}_0)\phi_n(\boldsymbol{r})\frac{1}{2\pi}\int_{-\infty}^{\infty} Q_{\boldsymbol{r}_0}(\Omega)G_n(\Omega)e^{j\Omega t}d\Omega \\ &= \frac{c^2}{4\pi}\sum_n \frac{\phi_n(\boldsymbol{r}_0)\phi_n(\boldsymbol{r})}{\omega_n}\int_{-\infty}^{\infty}\left(\frac{1}{\Omega+\omega_n}-\frac{1}{\Omega-\omega_n}\right)Q_{\boldsymbol{r}_0}(\Omega)e^{j\Omega t}d\Omega \\ &= c^2 \sum_n \frac{1}{\omega_n}\phi_n(\boldsymbol{r}_0)\phi_n(\boldsymbol{r})|Q_{\boldsymbol{r}_0}(\omega_n)|\sin(\omega_n t+\theta_n) \quad (t\geq 0)\end{aligned}$$

(8.15)

と表される。また音圧 $p(\boldsymbol{r},t|\boldsymbol{r}_0)$ は

$$p(\boldsymbol{r},t|\boldsymbol{r}_0) = \rho\frac{\partial}{\partial t}\phi(\boldsymbol{r},t|\boldsymbol{r}_0) \tag{8.16}$$

なる関係に留意すれば

$$p(\boldsymbol{r},t|\boldsymbol{r}_0) = \rho c^2 \sum_n \phi_n(\boldsymbol{r}_0)\phi_n(\boldsymbol{r})|Q_{\boldsymbol{r}_0}(\omega_n)|\cos(\omega_n t+\theta_n) \quad (t\geq 0) \tag{8.17}$$

と書かれる。ただし

$$Q_{\boldsymbol{r}_0}(\omega_n) = |Q_{\boldsymbol{r}_0}(\omega_n)|e^{j\theta_n} \tag{8.18}$$

とした。

> **< Note 19 >** 正規直交関数系
>
> 領域 $D$ における固有振動モード $\phi_1(\bm{r}), \phi_2(\bm{r}), \phi_3(\bm{r}), \cdots$ が
>
> $$\iiint_D \phi_m(\bm{r})\phi_n(\bm{r})d\bm{r} = \delta_{mn} = \begin{cases} 1 & (m = n) \\ 0 & (m \neq n) \end{cases}$$
>
> なる関係を満たす時，モードの集合は正規直交関数系をなすという．この場合，領域 $D$ 内の任意の関数 $f(\bm{r})$ は固有振動モードの 1 次結合で表される．
>
> $$f(\bm{r}) = \sum_n f_n \phi_n(\bm{r})$$
>
> ここに
>
> $$f_n = \iiint_D f(\bm{r})\phi_n(\bm{r})d\bm{r}$$
>
> 即ち，$f(\bm{r})$ はモードに展開（分解）されるとともに，モードを用いて合成される．上式は固有振動モードによる関数のフーリエ級数展開と見なされる．

## 8.4　大きさのある音源（点音源の集合）

駆動力が空間的に分布する大きさのある音源は点音源の集まりと考えられ，点音源要素の寄与を重ね合わせることにより，音場を表現することができる．駆動力の分布は

$$q(\bm{r},t) = \iiiint q(\bm{r}_0, t_0)\delta(\bm{r}-\bm{r}_0)\delta(t-t_0)d\bm{r}_0 dt_0 \tag{8.19}$$

と表されることから，波動方程式

$$\left(\Delta - \frac{1}{c^2}\frac{\partial^2}{\partial t^2}\right)\phi(\bm{r},t) = -q(\bm{r},t)$$

の解は時間的，空間的なインパルスとしての点音源 $\delta(\bm{r}-\bm{r}_0)\delta(t-t_0)$ に対する応答

$$\left(\Delta - \frac{1}{c^2}\frac{\partial^2}{\partial t^2}\right)g(\bm{r},t|\bm{r}_0,t_0) = -\delta(\bm{r}-\bm{r}_0)\delta(t-t_0) \tag{8.20}$$

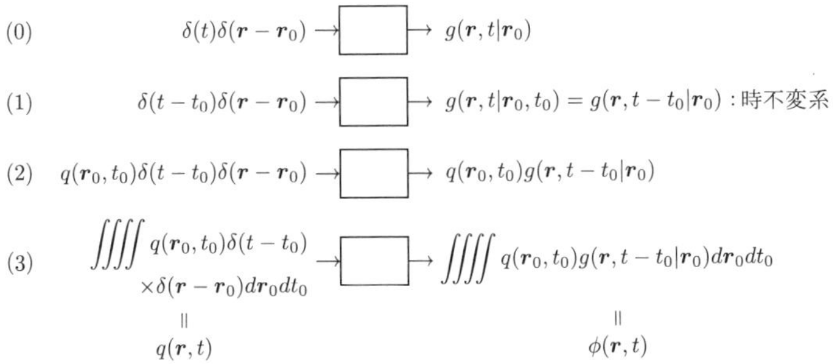

## 8.4. 大きさのある音源（点音源の集合）

```
(0)           δ(t)δ(r − r₀)  →[ ]→  g(r, t|r₀)

(1)          δ(t − t₀)δ(r − r₀) →[ ]→ g(r, t|r₀, t₀) = g(r, t − t₀|r₀) ：時不変系

(2)   q(r₀, t₀)δ(t − t₀)δ(r − r₀) →[ ]→ q(r₀, t₀)g(r, t − t₀|r₀)

(3)   ∭∫ q(r₀, t₀)δ(t − t₀)         ∭∫ q(r₀, t₀)g(r, t − t₀|r₀)dr₀dt₀
       ×δ(r − r₀)dr₀dt₀  →[ ]→
         ‖                                    ‖
         q(r, t)                            φ(r, t)
```

図 **8.6** 時間的空間的インパルスに対する応答の重ね合わせ（グリーン関数法）

$g(\boldsymbol{r}, t|\boldsymbol{r}_0, t_0)$ を音源強度の分布 $q(\boldsymbol{r}_0, t_0)$ で重み付け加算することにより

$$\phi(\boldsymbol{r}, t) = \iiiint q(\boldsymbol{r}_0, t_0) g(\boldsymbol{r}, t|\boldsymbol{r}_0, t_0) d\boldsymbol{r}_0 dt_0 \tag{8.21}$$

で与えられ，時不変系では音源強度とグリーン関数のたたみ込み積分となる（図 8.6）。

あるいはまた点音源に対する周波数応答

$$\left( \Delta - \frac{1}{c^2} \frac{\partial^2}{\partial t^2} \right) G(\boldsymbol{r}, \Omega|\boldsymbol{r}_0) e^{j\Omega t} = -e^{j\Omega t} \delta(\boldsymbol{r} - \boldsymbol{r}_0) \tag{8.22}$$

$G(\boldsymbol{r}, \Omega|\boldsymbol{r}_0)$ に音源のスペクトルを乗じ加算（積分）することにより

$$\phi(\boldsymbol{r}, t) = \frac{1}{2\pi} \iiiint Q(\boldsymbol{r}_0, \Omega) G(\boldsymbol{r}, \Omega|\boldsymbol{r}_0) e^{j\Omega t} d\boldsymbol{r}_0 d\Omega \tag{8.23}$$

と表すこともできる（図 8.7）。ここに

$$Q(\boldsymbol{r}_0, \Omega) = \int_{-\infty}^{\infty} q(\boldsymbol{r}_0, t_0) e^{-j\Omega t_0} dt_0$$

は音源強度の角周波数 $\Omega$ の成分（フーリエスペクトル）である。

さらにはまた音源強度の分布 $q(\boldsymbol{r}, t)$ を固有モード $\phi_n(\boldsymbol{r})$ に分解し

$$q(\boldsymbol{r}, t) = \sum_n q_n(t) \phi_n(\boldsymbol{r}) \tag{8.24}$$

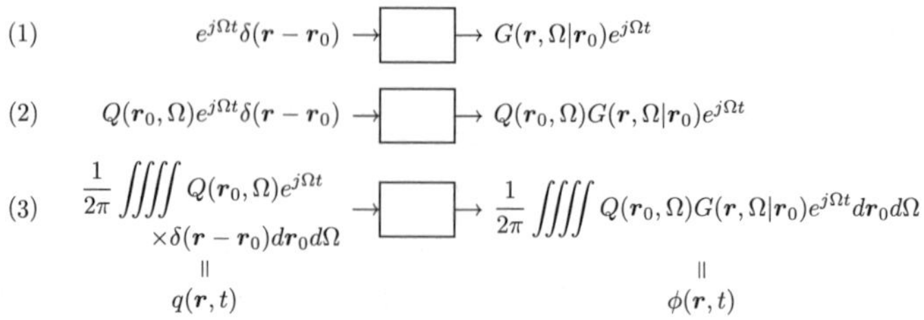

(1) $e^{j\Omega t}\delta(\boldsymbol{r}-\boldsymbol{r}_0) \rightarrow \boxed{\phantom{xxx}} \rightarrow G(\boldsymbol{r},\Omega|\boldsymbol{r}_0)e^{j\Omega t}$

(2) $Q(\boldsymbol{r}_0,\Omega)e^{j\Omega t}\delta(\boldsymbol{r}-\boldsymbol{r}_0) \rightarrow \boxed{\phantom{xxx}} \rightarrow Q(\boldsymbol{r}_0,\Omega)G(\boldsymbol{r},\Omega|\boldsymbol{r}_0)e^{j\Omega t}$

(3) $\dfrac{1}{2\pi}\iiiint Q(\boldsymbol{r}_0,\Omega)e^{j\Omega t} \times \delta(\boldsymbol{r}-\boldsymbol{r}_0)d\boldsymbol{r}_0 d\Omega \rightarrow \boxed{\phantom{xxx}} \rightarrow \dfrac{1}{2\pi}\iiiint Q(\boldsymbol{r}_0,\Omega)G(\boldsymbol{r},\Omega|\boldsymbol{r}_0)e^{j\Omega t}d\boldsymbol{r}_0 d\Omega$

$\parallel$ $\parallel$
$q(\boldsymbol{r},t)$ $\phi(\boldsymbol{r},t)$

図 8.7 周波数応答の重ね合わせ（伝達関数法）

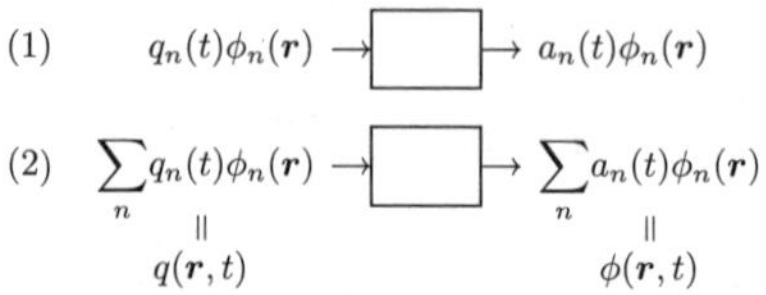

(1) $q_n(t)\phi_n(\boldsymbol{r}) \rightarrow \boxed{\phantom{xxx}} \rightarrow a_n(t)\phi_n(\boldsymbol{r})$

(2) $\sum_n q_n(t)\phi_n(\boldsymbol{r}) \rightarrow \boxed{\phantom{xxx}} \rightarrow \sum_n a_n(t)\phi_n(\boldsymbol{r})$

$\parallel$ $\parallel$
$q(\boldsymbol{r},t)$ $\phi(\boldsymbol{r},t)$

図 8.8 モードに対する応答の重ね合わせ（固有関数法）

各モードに対する周波数応答やインパルス応答を加算することにより解を求めることもできる．ここに

$$q_n(t) = \iiint q(\boldsymbol{r},t)\phi_n(\boldsymbol{r})d\boldsymbol{r}$$

はモード $\phi_n(\boldsymbol{r})$ の駆動源である．

当然のことながら，解（音場）も固有モードの和

$$\phi(\boldsymbol{r},t) = \sum_n a_n(t)\phi_n(\boldsymbol{r}) \tag{8.25}$$

で表されることから，駆動源の時間変化 $q_n(t)$ が出力の時間変化 $a_n(t)$ に変換されることを意味する（図 8.8）．波動方程式 (8.1) に式 (8.24)，式 (8.25) を代入すれば両者の間には

$$\frac{1}{c^2}\frac{d^2}{dt^2}a_n(t) + k_n^2 a_n(t) = q_n(t) \tag{8.26}$$

なる関係があることが知られる．上式は質点とバネからなる 1 自由度の振動系と等価である（図 8.9）．単振動（調和振動子）に対するこの解は良く知られている

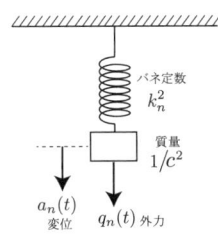

図 **8.9** モード $\phi_n(\boldsymbol{r})$ に対する 1 自由度の振動系

通り

$$a_n(t) = \frac{c^2}{\omega_n}|Q_n(\omega_n)|\sin(\omega_n t + \theta_n) \qquad (t \geq 0) \tag{8.27}$$

で与えられる。ここに $\omega_n = k_n c$ は振動子の共鳴角周波数(固有モード $\phi_n(\boldsymbol{r})$ の固有振動数)である。また $Q_n(\Omega)$ は $n$ 次モードの駆動源 $q_n(t)$ の周波数スペクトル

$$Q_n(\Omega) = \int_{-\infty}^{\infty} q_n(t)e^{-j\Omega t}dt \tag{8.28}$$

であり

$$Q_n(\omega_n) = |Q(\omega_n)|e^{j\theta_n} \tag{8.29}$$

とした。従って速度ポテンシャルは

$$\begin{aligned}\phi(\boldsymbol{r},t) &= \sum_n a_n(t)\phi_n(\boldsymbol{r}) \\ &= c^2 \sum_n \frac{1}{\omega_n}\phi_n(\boldsymbol{r})|Q_n(\omega_n)|\sin(\omega_n t + \theta_n) \quad (t \geq 0)\end{aligned} \tag{8.30}$$

音圧は

$$\begin{aligned}p(\boldsymbol{r},t) &= \rho\frac{\partial}{\partial t}\phi(\boldsymbol{r},t) \\ &= \rho c^2 \sum_n \phi_n(\boldsymbol{r})|Q_n(\omega_n)|\cos(\omega_n t + \theta_n) \quad (t \geq 0)\end{aligned} \tag{8.31}$$

と表される。また系の損失を考慮すれば次式で与えられる。

$$p(\boldsymbol{r},t) = \rho c^2 \sum_n \phi_n(\boldsymbol{r})e^{-\sigma_n t}|Q_n(\omega_n)|\cos(\omega_n t + \theta_n) \quad (t \geq 0) \tag{8.32}$$

## 8.5 まとめ及び補足

「重ねの理」を用いた線形波動方程式の様々な解法について述べ，見かけの異なる各種の解を得た．それらが同一の結果を表すことに留意すれば，点音源に関しては

$$\phi(\bm{r},t|\bm{r}_0) = \frac{1}{2\pi} \int_{-\infty}^{\infty} Q_{\bm{r}_0}(\Omega) G(\bm{r},\Omega|\bm{r}_0) e^{j\Omega t} d\Omega$$

$$= \int_{-\infty}^{\infty} q_{\bm{r}_0}(t_0) g(\bm{r},t-t_0|\bm{r}_0) dt_0$$

$$= c^2 \sum_n \frac{1}{\omega_n} \phi_n(\bm{r}_0) \phi_n(\bm{r}) |Q_{\bm{r}_0}(\omega_n)| \sin(\omega_n t + \theta_n) \quad (t \geq 0)$$

(8.33)

大きさのある一般の音源に関しては

$$\phi(\bm{r},t) = \frac{1}{2\pi} \iiiint Q(\bm{r}_0,\Omega) G(\bm{r},\Omega|\bm{r}_0) e^{j\Omega t} d\bm{r}_0 d\Omega$$

$$= \iiiint q(\bm{r}_0,t_0) g(\bm{r},t-t_0|\bm{r}_0) d\bm{r}_0 dt_0$$

$$= c^2 \sum_n \frac{1}{\omega_n} \phi_n(\bm{r}) |Q_n(\omega_n)| \sin(\omega_n t + \theta_n) \quad (t \geq 0) \qquad (8.34)$$

なる等式が得られる．これらの等式から

- インパルス応答（グリーン関数）$g(\bm{r},t|\bm{r}_0)$ と周波数応答（伝達関数）$G(\bm{r},\Omega|\bm{r}_0)$ はフーリエ変換対をなす
- 駆動力 $q(\bm{r}_0,t_0)$ とインパルス応答 $g(\bm{r},t|\bm{r}_0)$ のたたみ込み積分のフーリエ変換は駆動力のスペクトル $Q(\bm{r}_0,\Omega)$ と周波数応答 $G(\bm{r},\Omega|\bm{r}_0)$ の積に等しい

ことが知られる．さらにグリーン関数 $g(\bm{r},t|\bm{r}_0)$ や伝達関数 $G(\bm{r},\Omega|\bm{r}_0)$ は固有モードにより

$$g(\bm{r},t|\bm{r}_0) = c^2 \sum_n \frac{1}{\omega_n} \phi_n(\bm{r}_0) \phi_n(\bm{r}) \sin(\omega_n t)$$

$$G(\bm{r},\Omega|\bm{r}_0) = -c^2 \sum_n \frac{1}{\Omega^2 - \omega_n^2} \phi_n(\bm{r}_0) \phi_n(\bm{r}) \qquad (8.35)$$

のように展開表示されることが分かる。

また特別な場合として，自由空間においては既に述べたように

$$g(\bm{r}, t|\bm{r}_0, t_0) = g(\bm{r} - \bm{r}_0, t - t_0)$$
$$G(\bm{r}, \Omega|\bm{r}_0) = G(\bm{r} - \bm{r}_0, \Omega)$$

と書かれることから

$$\begin{aligned}\phi(\bm{r}, t) &= \frac{1}{2\pi} \iiiint Q(\bm{r}_0, \Omega) G(\bm{r} - \bm{r}_0, \Omega) e^{j\Omega t} d\bm{r}_0 d\Omega \\ &= \frac{1}{(2\pi)^4} \iiiint \mathcal{Q}(\bm{k}, \Omega) \mathcal{G}(\bm{k}, \Omega) e^{j\bm{k}\cdot\bm{r}} e^{j\Omega t} d\bm{k} d\Omega \\ &= \iiiint q(\bm{r}_0, t_0) g(\bm{r} - \bm{r}_0, t - t_0) d\bm{r}_0 dt_0 \end{aligned} \quad (8.36)$$

となり，速度ポテンシャル $\phi(\bm{r}, t)$ は

- 入力 $q(\bm{r}, t)$ とインパルス応答 $g(\bm{r}, t)$ の時間的・空間的な畳み込み積分で与えられる。
- 入力の平面波要素 $\mathcal{Q}(\bm{k}, \Omega) e^{j\bm{k}\cdot\bm{r}+j\Omega t}$ に伝達関数 $\mathcal{G}(\bm{k}, \Omega)$ を乗じ，加算することにより得られる。

即ち自由空間の音場は平面進行波を重ね合わせることにより求められる（図 8.10）。実は平面進行波は自由空間における固有振動モード（固有関数）なのである。

以上，要約すれば波動方程式をはじめ線形の微分方程式を解く（線形系の出力を求める）ということは，系のグリーン関数や伝達関数，固有関数（モード）を

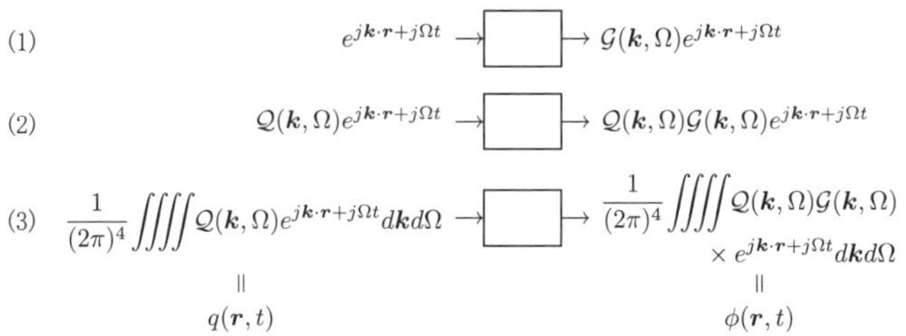

(1) $e^{j\bm{k}\cdot\bm{r}+j\Omega t}$ → □ → $\mathcal{G}(\bm{k}, \Omega) e^{j\bm{k}\cdot\bm{r}+j\Omega t}$

(2) $\mathcal{Q}(\bm{k}, \Omega) e^{j\bm{k}\cdot\bm{r}+j\Omega t}$ → □ → $\mathcal{Q}(\bm{k}, \Omega) \mathcal{G}(\bm{k}, \Omega) e^{j\bm{k}\cdot\bm{r}+j\Omega t}$

(3) $\frac{1}{(2\pi)^4} \iiiint \mathcal{Q}(\bm{k}, \Omega) e^{j\bm{k}\cdot\bm{r}+j\Omega t} d\bm{k} d\Omega$ → □ → $\frac{1}{(2\pi)^4} \iiiint \mathcal{Q}(\bm{k}, \Omega) \mathcal{G}(\bm{k}, \Omega) \times e^{j\bm{k}\cdot\bm{r}+j\Omega t} d\bm{k} d\Omega$
∥ ∥
$q(\bm{r}, t)$ $\phi(\bm{r}, t)$

図 8.10 平面進行波による自由音場の合成

求めることと等価である.それにより任意の入力に対する解(応答)を算定し予測表示することができるからである.

様々な状況下において,これらの関数が求められているが,最も単純な束縛の無い自由空間における固有関数(モード)は上述のように任意の周波数と伝搬方向を持つ平面進行波 $e^{j(\Omega t + \boldsymbol{k}\cdot\boldsymbol{r})}$ であり,伝達関数(波数・周波数応答)

$$\mathcal{G}(\boldsymbol{k}, \Omega) = \frac{1}{k^2 - (\Omega/c)^2} \tag{8.37}$$

は,その固有値に相当する.この場合入出力を重ねの理に基づき波数 $\boldsymbol{k}$ に関し加算(積分)すれば,点音源 $e^{j\Omega t}\delta(\boldsymbol{r})$ に対する周波数応答

$$\begin{aligned} G(\boldsymbol{r}, \Omega)e^{j\Omega t} &= \frac{1}{(2\pi)^3} \iiint \mathcal{G}(\boldsymbol{k}, \Omega)e^{j(\Omega t + \boldsymbol{k}\cdot\boldsymbol{r})} d\boldsymbol{k} \\ &= \frac{1}{4\pi r} e^{j\Omega(t - r/c)} \end{aligned} \tag{8.38}$$

が得られる.さらに,この周波数応答を $\Omega$ に関し加算すれば,図 8.11 に示すように,点音源インパルス $\delta(t)\delta(\boldsymbol{r})$ に対する応答(グリーン関数)

$$\begin{aligned} g(\boldsymbol{r}, t) &= \frac{1}{2\pi} \int_{-\infty}^{\infty} G(\boldsymbol{r}, \Omega)e^{j\Omega t} d\Omega \\ &= \frac{1}{4\pi r} \delta(t - r/c) \end{aligned} \tag{8.39}$$

が導かれる.従って,強度 $q(t)$ の点音源による放射場は

$$\int_{-\infty}^{\infty} q(t_0) \frac{1}{4\pi r} \delta(t - t_0 - r/c) dt_0 = \frac{1}{4\pi r} q(t - r/c)$$

と表され,原点 ($r=0$) から速度 $c$ で球面状に音が伝搬して行くことが知られる.

## 8.5. まとめ及び補足

(1) $\quad e^{j\Omega t}e^{j\boldsymbol{k}\cdot\boldsymbol{r}} \rightarrow \boxed{\text{自由空間}} \rightarrow \mathcal{G}(\boldsymbol{k},\Omega)e^{j(\Omega t+\boldsymbol{k}\cdot\boldsymbol{r})}$

(2) $\quad \dfrac{1}{(2\pi)^3}\iiint e^{j\Omega t}e^{j\boldsymbol{k}\cdot\boldsymbol{r}}d\boldsymbol{k} \rightarrow \boxed{\text{自由空間}} \rightarrow \dfrac{1}{(2\pi)^3}\iiint \mathcal{G}(\boldsymbol{k},\Omega)e^{j(\Omega t+\boldsymbol{k}\cdot\boldsymbol{r})}d\boldsymbol{k} = G(\boldsymbol{r},\Omega)e^{j\Omega t}$

$\qquad\qquad \| \qquad\qquad\qquad\qquad\qquad\qquad\qquad\qquad\qquad\qquad\qquad \|$
$\qquad e^{j\Omega t}\delta(\boldsymbol{r}) \qquad\qquad\qquad\qquad\qquad\qquad\qquad\qquad \dfrac{1}{4\pi r}e^{j\Omega(t-r/c)}$

(3) $\quad \dfrac{1}{2\pi}\displaystyle\int_{-\infty}^{\infty} e^{j\Omega t}\delta(\boldsymbol{r})d\Omega \rightarrow \boxed{\text{自由空間}} \rightarrow \dfrac{1}{2\pi}\int_{-\infty}^{\infty} G(\boldsymbol{r},\Omega)e^{j\Omega t}d\Omega = g(\boldsymbol{r},t)$

$\qquad\qquad \| \qquad\qquad\qquad\qquad\qquad\qquad\qquad\qquad\qquad\qquad\qquad \|$
$\qquad \delta(t)\delta(\boldsymbol{r}) \qquad\qquad\qquad\qquad\qquad\qquad\qquad\qquad\qquad \dfrac{1}{4\pi r}\delta(t-r/c)$

(4) $\qquad\qquad\qquad q(t)\delta(\boldsymbol{r}) \rightarrow \boxed{\text{自由空間}} \rightarrow \dfrac{1}{4\pi r}q(t-r/c)$

図 8.11 自由空間における音の伝搬（点音源）

---

**＜Note 20＞ 数値解法**

　本書では波動方程式を解く方法として，伝統的なモード理論（固有関数法）や伝達関数法，グリーン関数法について概説した．これらは何れも線形系の「重ねの理」に基づき，境界条件を満たす音場の要素（定常解や過渡解）から組み立てられている．近年，実務的にはFEM（有限要素法），BEM（境界要素法），FDTD（差分法）などコンピュータを駆使し，波動方程式を数値的に解く技法が盛んである．FEM,BEMは，定常場（ヘルムホルツの方程式）を積分方程式に変換し，連立1次方程式で近似し，解を求める方法である．一方，FDTDは波動方程式を差分化し，波形伝搬のプロセス（過渡的な数値解）を逐次追跡するシミュレーション的手法である．数値実験として，様々な場合に適用でき，便利で実用性に優れているが，領域のメッシュの切り方や

- 初期条件
- 境界条件
- 音源動作（外力）

の設定及び取り扱いに工夫が必要である．

# 第9章 分散性媒質中の波動伝搬

本書では音と波に係わる素朴なイメージや性質からスタートして，その振る舞いを記述する波動方程式の導出，さらにはその解法等について学んだ。この最後の章では物理学において重要な位置を占める熱や粒子の拡散の方程式及び量子力学におけるシュレーディンガー（Schrödinger）の方程式と波動方程式との関係について言及する。そのため伝搬速度が周波数に依存するいわゆる分散性媒質中の波動を取り上げる。

## 9.1 分散性媒質

波の伝搬速度は媒質に固有の量であるが，周波数に依存する場合がある。このような媒質中では各種周波数成分からなる複合波形（波束）は伝搬するにつれ周波数毎に徐々にバラけていく。この現象は波の分散といわれる。プリズムによる白色光の分光（様々な色の光に分解される）は分散現象の例である。

伝搬速度 $c$ は電波（光）では媒質の誘電率や透磁率により，音波では媒質の弾性係数により定まる。従って，これらのパラメータが周波数に依存する（周波数特性を持つ）場合には波の分散現象が生じる。

## 9.2 波動方程式と分散関係

媒質中の光や音の伝搬は数学的には共に同じ波動方程式

$$\frac{1}{c^2}\frac{\partial^2}{\partial t^2}\phi(\boldsymbol{r},t) = \Delta\phi(\boldsymbol{r},t) \tag{9.1}$$

により記述される。ここに $c$ は波の伝搬速度を表し，媒質に固有の量である。光では媒質の誘電率及び透磁率により，音では媒質の弾性係数により定まる。これ

らのパラメータが周波数に依存する場合には波の伝搬速度 $c$ は周波数により異なり，波束は伝搬するにつれ，バラけ広がっていく。このような媒質を分散性媒質といい，波束は次第に崩れていく。以下では一例として波の伝搬速度 $c$ と角周波数 $\omega$ との間に

$$c^2 = a\omega \qquad (a:\text{定数}) \tag{9.2}$$

なる分散関係がある場合について考える。この関係を波動方程式 (9.1) に代入すれば

$$\frac{1}{a\omega}\frac{\partial^2}{\partial t^2}\phi(\boldsymbol{r},t) = \Delta\phi(\boldsymbol{r},t) \tag{9.3}$$

と書かれる。左辺において $\omega$ で割ることは時間 $t$ による積分と等価である

$$\frac{1}{j\omega} \leftrightarrow \int dt \tag{9.4}$$

ことに留意すれば，式 (9.3) は

$$\frac{j}{a}\frac{\partial}{\partial t}\phi(\boldsymbol{r},t) = \Delta\phi(\boldsymbol{r},t) \tag{9.5}$$

と表される。実は以下に示すごとく上式は量子力学における粒子の運動（存在確率）を表すシュレーディンガーの方程式や粒子の拡散（ブラウン運動，Brownian motion）や熱伝導の方程式と密接に関係している。

## 9.3 シュレーディンガーの方程式

自由空間における質量 $m$ の粒子（電子）の時々刻々の存在確率は波として伝わり，いわゆるシュレーディンガーの方程式

$$j\hbar\frac{\partial}{\partial t}\phi(\boldsymbol{r},t) = \frac{\hbar^2}{2m}\Delta\phi(\boldsymbol{r},t) \tag{9.6}$$

に従う。ここに $\hbar\,(=h/2\pi)$ はプランク（Plank）の定数である。この方程式は数学的には分散性媒質中の波動伝搬を表す式 (9.5) と同一であることが知られる。すなわち，式 (9.5) で単に

$$a = \frac{\hbar}{2m} \tag{9.7}$$

とおけば式 (9.6) が得られる．従って粒子の存在確率を表す波は分散性媒質中の波束の伝搬と等価と見なされよう．

## 9.4 拡散（熱伝導）の方程式

媒質（気体，液体，固体）中の温度勾配や濃度勾配をなくそうとする過程や粒子のブラウン運動（不規則な衝突過程に基づく運動）はいずれも拡散の方程式

$$\frac{\partial}{\partial t}\phi(\boldsymbol{r},t) = D\Delta\phi(\boldsymbol{r},t) \tag{9.8}$$

に従う．ここに $D$ は拡散係数（熱伝導率）である．また方程式 (9.8) は前述の分散性媒質中の波動伝搬を表す式 (9.5) において定数 $a$ を

$$a = jD \tag{9.9}$$

とおくことにより得られる．すなわち分散関係式 (9.2) の定数 $a$ が純虚数である場合に相当する．物理的には波の屈折率の 2 乗が周波数に反比例し，かつ純虚数である媒質中では熱伝導や拡散現象が起きることを意味する．

## 9.5 拡散と分散

拡散と分散はよく似た概念であるが，次のようなニュアンスの相違がある．

拡散は粒子の集団がバラけ，あるいは物質の密度（濃度）が次第に薄まっていく様を，さらには運動量の大きな分子の集団が周囲の分子と衝突し，次第に同化される現象（熱伝導）をいう．ミクロには個々の粒子が周囲の分子と不規則な衝突を繰り返し，徘徊する様を意味する．

一方，分散は波束（いろいろな周波数の波の集まり）がバラけ，次第にボヤけていく現象をいう．

すなわち前者では粒子の集団（個々の粒子の位置）が，後者では波の集団（波束）が次第にバラけ，散らばっていく様子を表す．粒子にしろ，波にしろ，これらはいずれもエネルギーの塊がバラけ，散逸する（エントロピーが増大する）過程を示している．

## 9.6 波形の分散

分散性媒質中の波の伝搬の様子（バラけ広がっていく様）を 1 次元の方程式

$$\frac{1}{a\omega}\frac{\partial^2}{\partial t^2}\phi(x,t) = \frac{\partial^2}{\partial x^2}\phi(x,t) \leftrightarrow \frac{j}{a}\frac{\partial}{\partial t}\phi(x,t) = \frac{\partial^2}{\partial x^2}\phi(x,t) \quad (9.10)$$
$$(a > 0)$$

を基に考えてみよう。この方程式の解（伝搬波形）は非分散性媒質中の通常の波動方程式

$$\frac{1}{c^2}\frac{\partial^2}{\partial t^2}\phi(x,t) = \frac{\partial^2}{\partial x^2}\phi(x,t) \quad (9.11)$$

の解及び拡散（熱伝導）の方程式

$$\frac{\partial}{\partial t}\phi(x,t) = D\frac{\partial^2}{\partial x^2}\phi(x,t) \quad (9.12)$$

の解から容易に類推することができよう。

まず自由空間における通常の波動方程式 (9.11) では全ての周波数の成分が同じ速度 $c$ で伝わることから波束はその波形を維持しつつ，図 9.1 に示すように速度 $c$ で伝搬していく。

また拡散（熱伝導）の方程式の解はよく知られているように粒子（熱）の分布のばらつき（分散 $\sigma^2$）が図 9.2 に示すように時間に比例し大きくなり，広がっていく（$\sigma^2 = 2Dt$）。

方程式 (9.10) を方程式 (9.11)，(9.12) と見比べれば明らかなように，分散性媒質中における波の方程式 (9.10) は通常の波動伝搬の式 (9.11) と粒子（熱）の拡散の式 (9.12) の性質を兼ね備えていることから，図 9.3 に示すように伝搬に伴い波束が崩れ，次第にバラけていく（高い周波数成分ほど速く伝わる）。

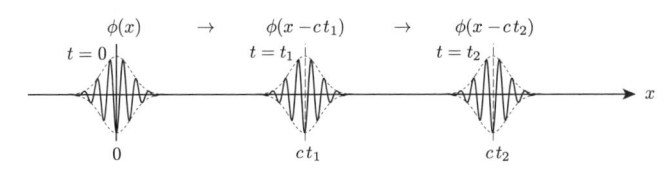

図 **9.1** 波束の伝搬（非分散性媒質）

$$\phi(x,t) = \frac{1}{2\sqrt{\pi Dt}} e^{-x^2/4Dt}$$

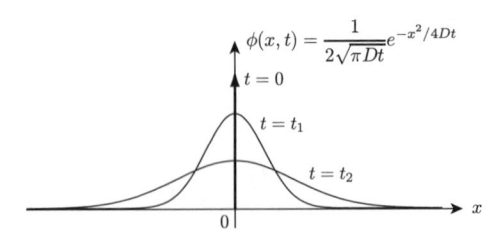

**図 9.2** 粒子（熱）の拡散

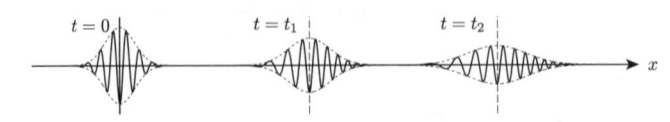

**図 9.3** 波束の伝搬（分散性媒質）

---

< **Note 21**> Einstein - Planck の関係式（粒子と波／質量と周波数）

　質量 $m$ の粒子と反粒子が出会うと光を発し，粒子対は消滅する。アインシュタイン（Einstein）の特殊相対性理論によれば質量 $2m$ の粒子対の持つエネルギーは $2mc^2$，またプランク（Planck）の量子仮説によれば光（角周波数 $\omega$）のエネルギーは $\hbar\omega$ であり，両者を等置すれば

$$2mc^2 = \hbar\omega$$

となる。これはエネルギーを媒介とした質量と周波数，すなわち粒子と波の関係を表している。上式を光の伝搬を記述する波動方程式

$$\frac{1}{c^2}\frac{\partial^2}{\partial t^2}\phi(\boldsymbol{r},t) = \Delta\phi(\boldsymbol{r},t)$$

に代入すれば

$$\frac{1}{\omega}\frac{\partial^2}{\partial t^2}\phi(\boldsymbol{r},t) = \frac{\hbar}{2m}\Delta\phi(\boldsymbol{r},t)$$

が得られる。そして，よく知られたフーリエ変換の関係式 (9.4) を考慮すれば，いわゆるシュレーディンガーの方程式 (9.6)

$$j\hbar\frac{\partial}{\partial t}\phi(\boldsymbol{r},t) = \frac{\hbar^2}{2m}\Delta\phi(\boldsymbol{r},t)$$

が導かれる。この方程式は粒子（質量 $m$）の存在確率が波として時空を伝搬する様を表すと解釈されている。

# 参考図書

1) 岡田静雄, 服部忠一朗他, 振動・波動講義ノート（共立出版, 2012）
2) 東山三樹夫, 音の物理（コロナ社, 2010）
3) 早坂寿雄, 吉川昭吉郎, 音響振動論（丸善, 1974）
4) 西山静男, 池谷和夫他, 音響振動工学（コロナ社, 1992）
5) 久野和宏, 野呂雄一他, 音響学ＡＢＣ（技報堂出版, 2010）
6) W.C.Elmore, M.A.Heald, *Physics of Waves* （McGraw-Hill Kogakusha, Ltd., 1969）
7) P.M.Morse, H.Feshbach, *Methods of Theoretical Physics I & II* （McGraw-Hill Book Co. / Kogakusha Co., Ltd., 1953）
8) P.M.Morse, K.U.Ingard, *Theoretical Acoustics* （Princeton University Press, 1968）
9) M.J.Crocker 編, *Handbook of Acoustics* （JohnWiley & Sons, Inc., 1998）
10) 瀧保夫, 通信工学（コロナ社, 1977）
11) フランク・ウィルチェック（吉田三知世訳）, 物質のすべては光（早川書房, 2010）

# 索引

## 【あ, い】

アナロジー　23

位相（差）　3, 72
位相速度　10
1次元音場　89
一般の外力　98
インコヒーレント　19, 72
インパルス応答　43, 114
インパルス応答法　16, 107
インピーダンス　22

## 【う, え】

迂回経路長　62
うなり　79

AM波　81
FEM　117
FDTD　117
円形ピストン音源　12, 52
円柱関数　49
円筒波　10

## 【お】

大きさのある音源　110
音圧　19
音圧透過係数　65
音響管　13
音響質量　23
音響損失　23
音響容量　23
音源　89
音速　32, 58

## 【か】

回折　7
回折減衰　62
回折波　7
外力　89
拡散音場　18, 38
角周波数　4
角速度　3
重ね合わせの原理（重ねの理）　102
加算合成　107
下側波　81
可聴音　59
過渡応答法　98
壁の質量則　63
干渉（性）　8, 51, 71, 72, 107
完全正規直交関数系　107

## 【き】

機械損失　23
気体の状態方程式　26
起電力　23
基本モード　11
球音源　12
球表面　44
球面波　10
境界条件　14, 37, 89, 107
境界要素法　117
共振　10, 11
強制振動　15, 41, 89, 93
響板　20
共鳴　10, 41, 84
共鳴周波数　13, 74, 75

## 【く】

屈折　7, 70
屈折角　7

# 索　引

駆動源　89
駆動力　14, 114
グリーン関数（法）　16, 43, 98, 107, 111, 114

## 【け，こ】

ケージ（John Milton Cage Jr.）　17
検波　82

コイル　23
高域通過フィルタ　13
呼気　20
呼吸球　44
コヒーレント　72
固有インピーダンス　47
固有関数　40, 115
固有振動数　10, 39
固有振動モード　9, 10, 74, 75, 107, 108, 115
固有値　40, 108
固有モード　39, 75
コンデンサ　23

## 【さ】

差分法　117
残響室　38
1/3 オクターブバンド　80
散乱（波）　7

## 【し】

指向性　9, 51
質量　23
質量則　66
遮音　63
遮音性能　63
自由音場　38
周期　5
自由空間　38, 89, 90, 94, 98, 100
自由振動　15, 39, 89, 90
周波数　2
周波数応答　114
周波数応答法　16, 98, 105
周波数パラメータ　12
シュレーディンガーの方程式　119
瞬時位相　72

衝撃波　79
上側波　81
初期位相　4
初期条件　14, 37
進行波　50
振動の自由度　10
振幅　2
振幅変調波　81

## 【す，せ，そ】

スネルの法則　7

正弦波　2
積分路　96
線音源　48
線形系　102
線スペクトル　39

双極子　20, 51
双極子音源　51
速度ポテンシャル　33

## 【た，ち】

第 2 種ハンケル関数　49
体積速度　23
ダクト　13
たたみ込み積分　43, 111, 114
縦波　2
単極子　20
弾性係数　58
断熱変化　27
ダンパー　23

超音波　85

## 【て】

定圧比熱　27
抵抗　23
定在波　9, 39, 68, 74, 75, 91, 107
定在波パターン　75
定常駆動　93
定容比熱　27
デッド　67
点音源　48, 105
電気音響変換器　24

伝達関数　　　114
伝達関数法　　　16, 105
伝搬速度　　58

## 【と】

等位相面　　10, 69
透過　　7
透過損失　　65
透過率　　69
同期検波　　82, 84
同次方程式　　39
等速円運動　　3
同調　　84
特異点　　96
特殊相対性理論　　122
特性インピーダンス　　21, 23, 47
ドップラー効果　　77
トランス　　21
トランスデューサー　　24

## 【に，の】

2乗検波　　82, 83
入射角　　7
ニュートンの運動の法則　　29

ノイマン関数　　50

## 【は】

倍音　　11
媒質　　1
波数　　12
波長　　5, 6
バッフル　　54
波動方程式　　14, 37, 89
バネ定数　　23
波面　　10
腹　　75
ハンケル関数　　50
反射　　7
反射角　　7
反射波　　7
反射率　　69
搬送波　　81

## 【ひ】

BEM　　117
ビート　　79
比音響インピーダンス　　46
非干渉性　　19, 72
ピストン音源　　54
非同次の波動方程式　　103
微分演算子　　40

## 【ふ】

フーリエの定理　　2
復調　　82
節　　75
フックの法則　　30, 32
ブラウン運動　　119, 120
フレネル数　　62
分散性媒質　　119

## 【へ，ほ】

閉空間　　39, 89, 91, 95, 99, 101
平面波　　10
ベッセル関数　　50
ヘルムホルツの共鳴器　　23
ヘルムホルツの方程式　　44, 46
変成器　　21

包絡線（検波）　　82, 83
ホーン　　21

## 【ま，む，め，も】

マイクロホン　　70
前川チャート　　62
マッハ数　　78

無響室　　38
無限大バッフル　　52, 54
無指向性　　9, 51

面音源　　47
面密度　　66

モード　　68, 75, 107

## 【や, ゆ, よ】

ヤング率　58

有限要素法　117

横波　2
四重極子　20
「4分33秒」　17

## 【ら】

ライトヒル (M.J.Lighthill)　21
ライブ　67

ラブ波　2
ラプラスの演算子　46
ランベルトの法則　61
乱流　20

## 【り, れ】

粒子速度　1, 19
粒子速度ベクトル　33
量子仮説　122
両側波　82
臨界帯域　79, 80

レーリー波　2

# 著者紹介

[著　者]

**久野 和宏**（くの かずひろ）[1942 年生まれ／工学博士／三重大学 名誉教授]
　音響学（音場解析，電気音響，建築音響，騒音・振動及び音と文化）の研究・教育に従事．

**野呂 雄一**（のろ ゆういち）[1962 年生まれ／博士（工学）／三重大学大学院工学研究科 准教授]
　音響学（電気音響，騒音・振動，音楽音響）及びディジタル信号処理の研究・教育に従事．

**佐野 泰之**（さの やすゆき）[1971 年生まれ／博士（工学）／愛知工業大学工学部建築学科 講師]
　音響学（騒音・振動・低周波音，建築音響），建築環境学の研究・教育及びコンサルタントの実務に従事．

### 音と波
#### その素顔と振る舞い

2013年9月25日　1版1刷　発行

ISBN978-4-7655-3459-8 C3052

定価はカバーに表示してあります.

| | | |
|---|---|---|
| 著　者 | 久　野　和　宏 | |
| | 野　呂　雄　一 | |
| | 佐　野　泰　之 | |
| 発行者 | 長　　　滋　彦 | |
| 発行所 | 技報堂出版株式会社 | |

日本書籍出版協会会員
自然科学書協会会員
工学書協会会員
土木・建築書協会会員

〒101-0051
東京都千代田区神田神保町1-2-5
電話　営業　(03) (5217) 0885
　　　編集　(03) (5217) 0881
　　　FAX　(03) (5217) 0886
振替口座　00140-4-10
http://gihodobooks.jp/

Printed in Japan

Ⓒ Kazuhiro Kuno, Yuichi Noro and Yasuyuki Sano 2013

装幀　冨澤　崇　　印刷・製本　三美印刷

落丁・乱丁はお取替えいたします.
本書の無断複写は，著作権法上での例外を除き，禁じられています.

● 小社刊行図書のご案内 ●

## 建築音響 —反射音の世界—

久野和宏・野呂雄一編著　　　　　　　　　　　　　　　　　　A5・294頁

建築音響学の物理的基盤を形成する残響場について，さまざまな視点からモデル化と定式化を行い，その具体的な応用を紹介する。前半では，残響や拡散の概念とそのモデル化，および定式化に関する基礎的な理論を中心に解き明かし，後半では，残響理論のさまざまな問題への応用事例と，今後の展望について記述。建築音響を志す学生，残響理論とその応用に関心を寄せる研究者・技術者，環境問題に携わる行政部局の担当者，建設業者・コンサルタント業者必携の書。

## 都市の音環境 —診断・予知・保全—

久野和宏・野呂雄一編著　　　　　　　　　　　　　　　　　　A5・232頁

都市住民が求める静かな街づくりの立案・実施への面的アプローチ。都市の音環境をマクロにとらえ，診断（調査，計測，評価方法と事例）→予知（環境騒音のモデル化，予測）→保全（騒音予測のハード，ソフト）の一連の流れに沿った最新知見をとりまとめた。環境問題，物流・交通システム担当の技術者，実務者のご一読を勧めたい。

## 騒音用語事典

日本騒音制御工学会編　　　　　　　　　　　　　　　　　　　A5・296頁

道路，鉄道，建設工事現場，電化製品など，現代社会において，騒音はとても身近な問題となっている。しかし，これらの騒音源は日常生活で欠くことができないものであり，今後もその進展を図っていかなければならない。このような背景から，音響学の一分野として騒音や振動を極力低減する技術の開発を行うべく，騒音制御工学が生まれた。本書は，この騒音制御工学にかかわる基本的事項について，用語の定義，意味，用法などを簡潔に表す「辞典」とは異なり，応用例なども含めて解説的な記述を旨とする「事典」の形式をとり，編集した。

## —音・振動 との出会い— 音響学ABC

久野和宏・野呂雄一編著　　　　　　　　　　　　　　　　　　B5・250頁

「音響学」は，「音」と「振動」と人間とのかかわりを主題とする。本書は，その前半（1章～4章）の音響学に関する基礎の部分と後半（5章～10章）の応用から成り立ち，それぞれの分野における基本的な事柄（これだけは知っておきたい事項）を平易に解説し，初心者が音響学に関する常識を理解し，身に付けることができるよう工夫してある。その他，音響学の歴史や最新のトピックスなどに気楽に接することができるよう，随所にコラムを設け，章末には，音や振動について考え，より関心を深めるための課題や演習問題を用意。CD-ROM付き。

## 道路交通騒音予測 —モデル化の方法と実際—

久野和宏・野呂雄一編著　　　　　　　　　　　　　　　　　　A5・318頁

道路交通騒音予測モデルを考え，定式化するプロセスに主眼を置き，予測の現状と動向を概説。【主要目次】時間率騒音レベルと等価騒音レベル/環境基準と要請限度/騒音予測の骨組と基本的考え方/車の音響出力/騒音の伝搬特性/等間隔モデル/指数分布モデル/一般の分布モデル/沿道の騒音レベルに対する予測計算式の適用/交通条件と変化と騒音評価量/等価騒音レベルの簡易予測計算法/トンネル坑口，半地下道路，市街地道路周辺の騒音予測/幾何音響学と回折理論/前川チャート，ほか。

技報堂出版　　TEL 営業 03(5217)0885　編集 03(5217)0881
　　　　　　　FAX 03(5217)0886